터치 사이언스

터치 사이언스

2016년 8월 10일 초판 1쇄 발행

펴낸곳 도서출판 산소리
지은이 임성숙
펴낸이 홍승권

등록 2004년 11월 17일 제313-2004-00263호
주소 120-828 서울시 서대문구 연희동 220-55 북산빌딩 1층
전화 (02) 322-1845
팩스 (02) 322-1846

ⓒ 임성숙, 2016

ISBN 978-89-6903-002-3 03400
값 15,000원

터치 사이언스

임성숙

터치 사이언스, 즐기자 과학!

인간은 태어날 때부터 호기심을 가지고 태어났습니다. 호기심은 우리 인간을 발전하게 한 원동력이지요. 태어나서 초등학교 때까지는 과학에 대한 호기심으로 가득합니다. 그러나 학년이 높아짐에 따라 과학은 어렵고 재미없는 것으로 받아들여지는 경향이 있습니다. 사실 과학은 우리 생활 곳곳에 함께하며 재미있고 호기심이 샘솟게 하는 것으로 가득한데 말입니다.

중·고등학교에서 30년 이상을 근무하면서 학생들로 하여금 그 호기심과 재미를 계속 유지하게 할 수 있는 방법은 없을까 고민해왔습니다. 과학, 마술, 놀이, 영재교육을 비롯하여 지금 현재 융합교육까지 과학을 쉽고 재미나게 구체적인 실물로 만나도록 하는 방법이 무엇일까 생각했습니다. 글자로만 주어진 추상적인 것이 아니라 실제 오감으로 만나는 과학이어야 효과가 있다고 생각했습니다. 또한 재미뿐만 아니라 실생활에서 필요한 의미 있는 내용이어야만 할 것이란 결론에 이르렀습니다.

그러기 위해선 교육 과정과 연계한 실험이 어떤 것인지 조사하고, 그 실험을 하기 위한 재료 및 기구들을 설치해야 할 뿐 아니라 그 속에 담긴 의미와 그를 이용해 실생활에서 어떻게 활용할 수 있는지를 알아야 합니다. 그러나 지금 학교 현장은 그러한 수업을 하기엔 너무 어려운 환경입니다. 주당 20시간의 수업에 각종 학교 업무를 수행하면서 할 수 있는 일들이 아니지요. 학생들의 호기심을 불러일으킬 다양한 실험과 그 원리를 탐구하기에는 시간과 공간이 만만치 않습니다.

그러다 보니 과학을 점점 더 추상적으로 만나는 너무 먼 나라 이야기로만 학생들에게 제공하게 됩니다. 이러한 과정을 되풀이하게 된다면 우리나라의 과학은 점점 더 후퇴할 수밖에 없을 것입니다. 우리 학생들이 즐겁게 과학을 만나게 하면서도 선생님들도 즐길 수 있는 방법은 무엇일까요? 학생들에게 과학에 대한 호기심을 불러 일으키며 직접 오감으로 체험하게 할 수 있는 방법은 무엇일까요?

2012년부터 경기도 과학 교사들이 매달 한 번씩 모여 과학을 즐기는 시간을 가지면서 핸즈온 실험자료집들을 출간하고, 함께 실험을 하는 시간을 가지면서 그 방법에 대해 고민해왔습니다.

체험으로 만나는 실험들과 그 실험이 주는 의미들을 찾아보면서 함께 즐기기 위해 이 책을 쓰기로 했습니다. 그 실험들 중에서도 주로 에너지와 관련된 체험 여행을 하려고 합니다. 석유 가격의 폭등 및 폭락이 국제 정치 경제에도 큰 영향을 미치며 에너지 자원을 놓고 국가 간에 전쟁을 일으키기도 하는 등 에너지 문제는 세계적으로 가장 중요한 문제입니다. 이렇듯 에너지는 우리가 어떤 삶을 살게 되는가에 직접적인 영향을 미치기 때문에 에너지를 만드는 과정, 에너지 자원 탐구 등은 학생과 일반인 모두에게 관심이 필요한 주제입니다.

즐기자, 사이언스! 내 주변 속에 있는 과학을 발명해요!

처음 시작은 우리 생활 속에 가장 필요한 에너지, 그중에서도 전기 에너지와의 만남으로 시작하려고 합니다. 전기가 어떻게 만들어지는지, 어떤 문제들이 있으며 어떻게 해결해야 하는지 재미난 실험들을 직접 해보고 그 원리를 탐구하면서 즐겨봅시다.

2016년 8월
과학을 즐기기를 기대하면서 씁니다.
임성숙

이 책을 통해 배울 것들은……

이 책에서는 전기 만들기 및 화력발전뿐 아니라 신재생 에너지를 탐구해보려고 합니다. 전기 에너지원으로부터 전기를 만드는 방법, 실생활에서 이용되는 모습, 전기 사용에 따른 환경오염 문제를 탐구하는 시간을 가지려고 해요.

『터치 사이언스』는 총 3권으로 구성됩니다. 그중 1권인 이 책에서는 전기를 어떻게 만드는가에서 기본 에너지인 열로 만드는 에너지까지 여행하려고 합니다.

2, 3권에서는 신재생 에너지 및 환경에 대해 생각해보는 시간을 가지려고 해요.

2권에서는 현재 우리에게 많이 익숙한 물, 원자력, 빛, 공기로 만드는 에너지 등 우리 삶에 많은 영향을 끼치는 에너지들을 알아보려고 합니다.

3권에서는 빛으로 만드는 에너지, 생물에 의한 에너지 및 전기 이용에 의한 환경오염 및 그 피해에 대한 내용들을 체험하고 탐구해보려고 합니다.

각 단원의 마인드맵을 그려보면 다음과 같이 나타낼 수 있어요.

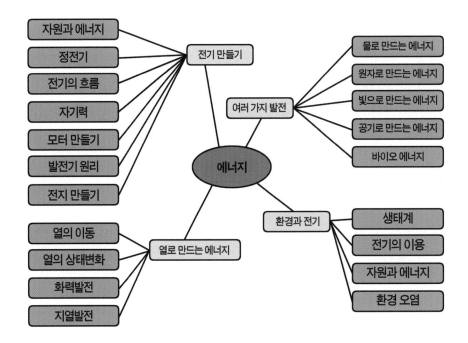

『터치 사이언스』(에너지 체험 여행)는 두 마당으로 구성되는데, 첫째 마당에서는 7개의 장으로 자원에서 전기 에너지, 그리고 전류, 자기력, 모터, 발전기, 전지 등을 활용한 실험을 통해 전기가 어떻게 만들어지고 실생활에서 어떻게 이용되는지를 알아보며 에너지 체험활동을 할 수 있도록 했습니다.

둘째 마당에서는 에너지의 가장 많은 부분을 차지하고 있는 화력발전을 중심으로 열의 이동, 열에 의한 상태 변화, 열 에너지 만들기, 뜨끈뜨끈한 지열에 의한 에너지까지 체험해보는 시간을 가지려고 합니다. 이 두 마당이 에너지란 어떤 것이고 어디에 활용되는지 체험해볼 수 있는 에너지 맛보기 여행이 될 수 있기를 기대합니다.

『터치 사이언스』 2권에서부터 발전의 재료 및 방법에 따라 원자력, 바람, 물, 태양, 바이오 자원이 어떻게 효율적으로 이용되는지 탐구하는 여행을 할 것입니다. 즉, 이산화탄소 배출량을 줄일 수 있는 에너지원에 대한 탐구가 될 예정입니다.

『터치 사이언스』 3권에서는 에너지를 쓰는 공간의 생태계 변화, 전기의 이용에 따른 전자기파 및 환경오염에 대한 문제를 알아보고 해결 방법을 생각해보는 시간을 가지려고 합니다.

이 책을 통해 배울 수 있기를 바라는 것은 지식만은 아닙니다. 과학 공부가 참 즐겁고 지금 배우고 있는 학습 내용이 실생활에서 얼마나 의미가 있는 것인가를 이해하고 이용할 수 있기를 기대합니다. 그래서 체험과 실생활과의 연관성을 강조한 내용을 담았습니다. 이는 융합교육과 밀접한 관계가 있습니다

융합교육이 뭐예요?

최근 교과 교육 과정에서 융합교육이란 용어가 무척 많이 쓰이고 있습니다. 악기에서 현의 길이 비가 자연수 비가 될 때 아름다운 소리를 낼 수 있다는 점을 설명하여 수학과 음악을 연계한다든지, 원자력 에너지의 문제점을 과학과 사회, 경제와의 연계 속에서 해결하는 것 등 다양한 분야에서 융합교육이 적용되고 있습니다.

즉, 융합교육이란 수업 내용이 지식 이해에 그치는 것이 아니라 경험에서 유추한 동기 유발, 학습 후의 생활 적용, 사회에서 일어나는 문제점, 영향 등을 수업에 연결시킴으로써 살아 있는 수업, 실생활과 의미 있게 연결되는 수업으로 이루어진 교육이라고 할 수 있습니다. 당연히 수업 방법은 수업 내용, 주제와 연결하여 교육 과정의 재구성을 필요로 하겠습니다.

주어진 교육 과정대로 지식을 전달하는 식의 수업이 아닌, 흥미를 느끼고 실생활에서 의미 있는 것으로 받아들일 수 있기 위한 교육 과정으로 재구성해야 하는 것입니다.

융합교육이란 무엇이고 어떻게 이루어져야 하는지를 좀 더 자세히 알아봅시다.

융합교육은 1990년대에 미국에서 시작했는데 "과학(Science), 기술(Technology), 공학(Engineering), 수학(Mathematics)"을 통틀어 일컫는 말로 'STEM'이라는 용어를 사용해 왔습니다. STEM 교육이란 '학문 간의 융합'이라는 의미를 부여하여 과학 교육이 이루어지도록 한 것입니다. 2006년에는 Arts(예술)가 더해져 새로운 융합교육의 형태인 STEAM 교육이 된 것이지요. 과학 교육에 이 STEAM 교육을 적용하여 과학이라는 한 분야를 넘어서서 다양한 학문 간의 기술적, 기능적인 연계를 하려고 하고 있습니다. 학문 간의 연계는 창의적이고 새로운 형태의 산물을 창조하는 것을 뜻하는데 기업 또한 다양한 학문을 잘 받아들이고 다양한 분야의 지식을 통합하며 타 전공자들과 소통하고 협력하여 과제를 수행할 수 있는 인재를 원하고 있지요.

또한 미래 사회에 미칠 영향을 예측하고 현 시대에 논의되는 과학 관련 지식을 빠르게 습득할 수 있는 능력이 요구되고 있습니다. 우리나라의 인재들은 윤리적, 창조적, 전략적, 도전적이며 리더십과 판단력이 뛰어난 글로벌 인재로 성장해 세계로 뻗어 나가야 할 것입니다. 이를 위해 나온 정책이 바로 융합을 기반으로 하는 창의적인 STEAM 교육입니다.

그러면 융합교육은 어떻게 이루어져야 할까요?

과목 그룹 간에 융합 수업을 할 수 있는 요소들을 추출, 다양한 방법으로 연계하고 융합될 수 있도록 교과를 재구성해야 합니다. 융합교육은 과학 기술 공학 인재 양성을 위한 것만이 아닌 예술, 경영 및 인문·사회 등의 모든 분야에서 창의적인 글로벌 인재를 양성하기 위한 교육 시스템이 되고자 하고 있지요. 체계적인 네트워크 구축과 라이브러리를 만들고 이것을 교과 과정의 수준에 맞추어 교사와 학생들에게 제공되도록 하는 것이 중요합니다. 아울러 이런 교육 콘텐츠들을 교과 과정의 내용과 수준에 따라 수직적 체계로 재구성하는 것이 필요하고요. 뿐만 아니라 효율적인 융합교육(STEAM) 콘텐츠 개발과 운영 및 지속적인 지원을 위한 지역과의 효과적인 수평 체제의 구성이 필요합니다.

그러기 위해서는 체험을 통해 해볼 수 있는 것이 흥미가 있을 것이란 생각입니다. 지식이 아무리 중요하다고 해도 체험을 통해서 배운 것이 아닐 때는 흥미를 불러일으키지 못하지요. 직접 해볼 수 있는 놀이를 통해 학습하는 것이 오래 가요. 흥미 있는 내용이라 하더라도 과학적 내용에 대한 배움이 없다면 학습이 되지 않겠지요? 또한 실생활과 관련되어 의미가 있는 것이어야 하겠습니다.

그러나 융합교육을 현장에서 적용하기까지 교사나 우리 학생들에게는 어려움이 많습니다. 교과서의 지식과 실생활에서의 현상을 연결하고 과학적 원리를 알아볼 수 있는 체험활동들을 쉽게 알아보기 위한 안내가 필요했습니다. 그러한 융합교육의 필요에 도움을 줄 수 있는 책을 만들고자 했습니다.

2014년에 교사 연수기관을 통해 『스팀이 좋다. 러닝맨』이라는 융합교육 연수물을 제작했습니다. 그 내용을 토대로 학생과 교사가 좀 더 쉽게 체험과 탐구를 할 수 있는 활동 자료들을 안내하려고 합니다. 최근 세계적으로 가장 문제가 되고 있는 에너지를 주제로 하여 공부라기보다는 놀이처럼 책에 실린 활동을 직접 해보면서 느끼고 체험할 수 있는 시간을 가지기를 기대합니다.

9

| 차례 |

첫째 마당

전기 만들기

에너지란 무엇일까요? 인간이 활동하는 근원이 되는 힘, 물체가 가지고 있는 일을 하는 능력이라고 할 수 있습니다. 에너지는 인류 문명의 형태와 크기를 결정하는 중요한 요소이지요. 그래서 인류는 오랜 세월에 걸쳐 에너지를 주도하려는 전쟁을 계속 해 왔습니다. 인류는 최초의 에너지인 불에서 석탄, 석유로 만드는 에너지로 문명을 발전시켜왔는데, 그 발전 과정에서 에너지 발전이 빠른 국가가 선진국가가 되었습니다. 산업혁명을 통해 에너지를 효율적으로 생산하고 활용하는 방법을 알아낸 서구 문명이 보다 빠른 과학 문명의 발전을 이룩하게 된 것입니다. 즉, 에너지를 선점하는 문명이 역사를 주도한다고 할 수 있습니다.

에너지를 선점한다는 것은 어떤 것일까요? 자원을 개발하여 보유하는 것뿐만 아니라 그 자원을 어떤 식으로 활용할 것인가를 개발하는 것을 포함합니다. 중국, 인도를 비롯한 신흥국에서의 급격한 에너지 수요 증가로 엄청난 화석 연료 소비를 증가시키면서 이산화탄소 배출과 에너지 가격의 폭등이 있었습니다. 그러나 다행히 세계 경제가 성장함에도 이산화탄소 배출은 급격히 증가하지 않고 있습니다. 유럽을 중심으로 신재생 에너지 보급이 빠른 속도로 늘면서 화석 연료 수요가 감소했고 이제는 중국이나 미국 같은 상위 배출 국가들이 온실 가스 배출을 줄이는 방향으로 변화하기 때문입니다.

이러한 변화 뒤에는 기술혁신이 숨어 있습니다. 1990년에 전기 자동차를 개발할 때는 효율이 별로 없을 것이라 생각되었지만 무겁고 에너지 밀도가 낮은 납 축전지 대신 리튬 이온 배터리가 나오면서 미래의 자동차가 나오게 된 것은 그 예라고 할 수 있어요. 이런 기술혁신은 태양광, 풍력 등 에너지 생산 분야 전체에서 일어나고 있습니다. 시간이 지난 후에는 화석 연료라는 것이 사라지고 온난화가 더 이상 일어나지 않게 되는 상태가 될 수 있겠지요?

에너지 자원의 종류는 매우 다양하지만 오늘날 우리가 사용하는 에너지 자원에는 석유, 석탄, 천연가스, 원자력 등의 화석 자원과 수력, 태양력 등의 재생 에너지들이 있습니다. 이 에너지를 얻고 활용하는 방법, 그리고 에너지별 문제점과 개선 방향 등을 배우고 고민해야 할 것입니다. 인류가 직면한 에너지 문제들을 해결하기 위해서 학생과 학교는 어떤 일을 할 수 있을까요? 할 수 있는 일에 한계가 있는 것은 사실입니다. 그러나 가장 중요한 시작을 위해서라도 에너지 교육은 반드시 필요하고, 이러한 에너지 교육을 이론뿐 아니라 재미있는 놀이, 체험을 통해 알아보는 과정이 필요합니다.

본 책자에서는 에너지 중에서도 전기 에너지에 대해 주로 탐구하는 시간을 가지려고 합니다. 에너지 발전 과정에서 가장 짧은 시간 동안 인류 문명을 크게 변화시킨 것은 전기로, 우리 생활과 밀접하게 관련이 있으며 중요하기 때문입니다. 전구, 축음기, 라디오, TV, 컴퓨터 등 모든 전기 전자 제품들은 전기가 아니었다면 이 세상에 존재하지 않았을 것이고, 현재의 생활도 많이 달라져 있을 것입니다. 그렇기에 이러한 전기 에너지를 얻기 위한 에너지 자원의 문제가 중요해졌습니다. 학교 현장에서 활용할 수 있는 실험을 소개하고 체험해보는 자료를 안내합니다. 그 실험이 의미하는 것, 그 실험을 통해 실생활에 이용할 수 있는 탐구력을 길러 봅시다.

석탄에서 석유, 전기 에너지

1장 자원과 에너지

자원이란 '에너지 공급의 원료로 인간에게 이용가치가 있고 기술적 경제적으로 이용 가능한 자연'이라고 정의됩니다. 자원은 재생 가능성에 따라 분류하는데 화석연료인 석유, 석탄, 천연가스 등은 재생 불가능한 자원으로 태양열, 조력, 수력, 풍력 등은 재생이 가능한 자원으로 나뉩니다. 재생 불가능한 자원이란 사용량에 따라 고갈되는 자원을 의미하지요. 특히 석유의 비중은 에너지원의 가장 높은 부분으로 1배럴당 6GJ(기가주울)이라는 에너지를 만들면서 인류를 급격하게 발전시켰습니다. 인류는 자원에 의해 기계화를 할 수 있고 수송의 발달과 함께 전 세계적으로 에너지원을 교환할 수 있었습니다. 식량이 석유로, 노예가 기계로 대체되었던 것이지요. 인구가 증가하게 되고 경제가 발전하게 되면서 자원의 소비는 빠르게 늘어나게 되었습니다. 세계의 석유 소비량이 점점 증가하면서 석유 가격은 지속적으로 높아지게 되고 산유국들의 부는 주체할 수 없을 만큼 늘어났습니다.

그러나 인류가 사용할 수 있는 자원은 대부분 매장량이 한정되어 있으며 지역적으로 불균등하게 분포되어 있습니다. 특히 가장 중요한 에너지 자원인 석유는 서남아시아에 집중적으로 매장되어 있는데 이렇게 특정 지역에 편재되어 있기 때문에 자원을 확보하고 안정적으로 공급받기 위해 국가 간의 갈등이 심화되어 전쟁이 일어나게 됩니다. 즉, 석유 생산의 증감과 고갈에 따라 인류의 발전과 문명은 롤러코스터를 타게 됩니다. 석유는 연료로 혹은 원료로 거의 모든 제품에 들어 있습니다. 그렇기 때문에 석유를 산유국에 의존할 수밖에 없는 나라들은 항상 산유국들의 눈치를 볼 수밖에 없습니다. 석유를 생산하지 못하는 나라에서는 석유를 대체할 에너지를 개발해야 하는데 신재생 에너지를 개발하기 위해서는 기존의 에너지 자원(석유, 석탄, 전기 등)을 활용할 수밖에 없는 딜레마를 가지고 있습니다. 만약 당장 에너지 공급이 끊긴다면 우리가 당연히 누려왔던 일상생활의 모든 것들이 혼란 상태에 빠질 것입니다. 형광등부터 TV, 핸드폰을 비롯한 전자기기 등과 교통수단 등 우리의 생활은 전기와 아주 밀접한 관계가 있습니다.

일상생활에 없어서는 안 될 고맙고 소중한 에너지, 전기!

전기는 인류가 불을 발견한 것만큼이나 중요한 기술로, 전기가 없었더라면 현재 우리가 누리고 있는 편리한 일상은 꿈도 꿀 수 없었을 것입니다. 전기의 발전과 함께 인류의 생활 또한 발전했다고 할 수 있습니다. 이 전기를 쓸 수 없다면 어떤 불편을 겪을지 눈에 보입니다. 그러나 이 전기는 무한정 제공되지 않습니다. 전기를 만드는 석유를 비롯한 여러 재료들은 무한한 것은 아니기 때문입니다.

본 장에서는 전기를 어떻게 만드는지와 전기를 만들 수 있는 에너지원에는 어떤 것이 있는지 생각해보아요.

에너지 자원은 전기, 물 등이 있고 화학 에너지, 열 에너지, 빛 에너지 등도 에너지 자원으로 볼 수 있겠지요? 현재 에너지원 중에서 큰 비중을 차지하고 있는 원자력 에너지 외에 화력발전의 장점과 단점에 대해 알아보고 그 문제를 해결할 수 있는 방법은 무엇인지, 또 각광받고 있는 에너지원에는 어떤 것이 있는지에 대해서도 알아봅시다.

1-1. 전기는 어떻게 만들지?

전기는 어떻게 만들어질까요? 간이발전기를 돌려서 불을 켜봅시다. 자석을 돌리거나 자석에 가까이 있는 코일을 누르거나 돌리게 되면 불이 켜지는 것을 볼 수 있습니다. 누르거나 돌리게 되면 자석의 힘이 변화하는 것을 볼 수 있어요. 즉, 자기장의 변화가 있으면 전기가 만들어지는 것이지요.

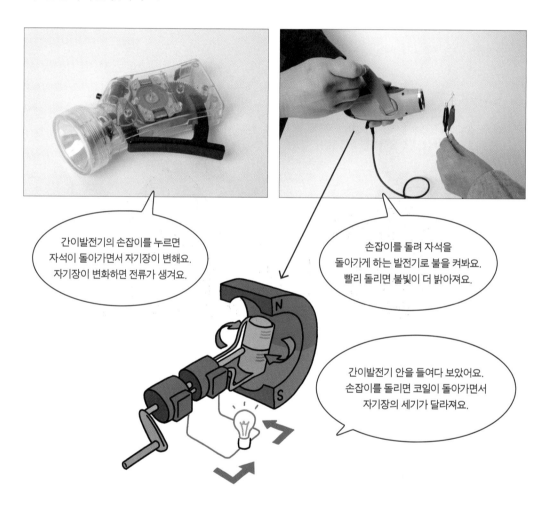

간이발전기의 손잡이를 누르면 자석이 돌아가면서 자기장이 변해요. 자기장이 변화하면 전류가 생겨요.

손잡이를 돌려 자석을 돌아가게 하는 발전기로 불을 켜봐요. 빨리 돌리면 불빛이 더 밝아져요.

간이발전기 안을 들여다 보았어요. 손잡이를 돌리면 코일이 돌아가면서 자기장의 세기가 달라져요.

최초의 발전기를 만든 패러데이도 이와 같은 원리에 의해 전기를 만들었습니다. 그는 전류가 자기장을 만들고 전류에 의해 자석이 힘을 받는 것으로부터 자기가 전기를 발생할 수 있다는 것을 밝혀내었지요. 이외에도 수력을 이용한 수력발전, 화력발전, 원자력발전 등 발전의 원리를 고안해내었습니다.

그러나 그는 전문 교육을 받은 학자가 아닙니다. 과학자들의 조수로 시작하여 실험기법을 익혔답니다. 미적분학과 같은 고등수학도 일부분밖에 알지 못했지만 무한히 실패하면서도 꾸준한 실험을 해보고 자기장의 변화를 통해 전류가 만들어진다는 것을 보여주어 전자기 이론을 밝혀내었습니다.

아인슈타인은 자신의 연구실 벽에 패러데이의 초상화를 걸어두고 가장 위대한 실험 과학자로 불렀다고 합니다.

페러데이는 전선을 고리 모양으로 감은 후, 그 고리에 막대자석을 넣었다 뺐다 하는 실험을 통해 전기가 흐른다는 사실을 발견하고, 코일이 자기장을 통과하도록 움직이면 전류를 유도할 수 있었답니다. 우리도 패러데이가 되어 전기를 만들어볼까요?

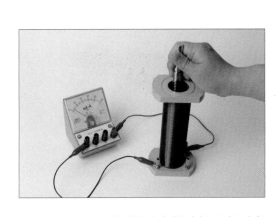

자석을 솔레노이드 안에 넣을 때와 뺄 때 전류계의 눈금이 움직여요.

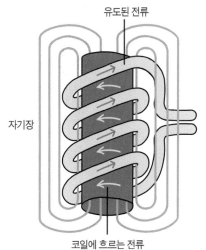

패러데이는 자석이 코일 안으로 들어가거나 밖으로 나올 때 코일에 전류가 유도된다는 것을 발견했습니다. 자석 주변에 철가루를 뿌렸을 때 볼 수 있는 선들이 바로 자석을 둘러싼 매질에 생기는 자기력을 나타낸다고 생각했습니다. 그 자기력선의 변화에 의해 전류가 유도되는 것이지요.

패러데이는 U자 모양의 말굽자석과 구리원판으로 발전기도 만들었습니다.

말굽자석 사이에 놓인 구리원판을 돌리면 전기가 만들어졌는데 이것이 발전기의 원리가 되었습니다. 즉 전기가 만들어지기 위해서는 터빈, 그리고 전자석의 회전이 필요한 것을 알 수 있습니다.

1-2. 패러데이 되어보기

우리도 패러데이가 되어 전류를 만들어볼까요?

비닐관과 비닐관을 막을 마개, 코일, 네오듐자석, LED를 준비하세요. 비닐관이 없으면 OHP 필름을 둥그렇게 말아서 관으로 만들어 사용해도 되어요.

비닐관에 코일을 감고 양 끝에 LED를 연결합니다. 이때 사포나 칼로 코일 끝의 겉 표면을 긁어내고 연결해야 해요. 코일에는 코팅이 되어 있어서 전류가 흐르지 않거든요. 그리고 그 안에 네오듐 자석을 넣어 흔들어 봐요. LED에 불이 켜지는 것을 볼 수 있습니다.

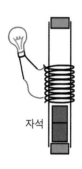

자석

자석을 흔들면 왜 불이 켜지는 것일까요? 자석이 코일에 가까이 오게 되면 자기장의 세기가 커지게 되고 멀어지게 되면 자기장의 세기가 작아지는 것입니다. 즉 자기장의 변화가 있게 되면 전류가 흐르게 되어 LED에 불이 켜지게 되는 것입니다.

코일 더미의 안쪽에서 끝을 빼낸 코일 끝과 바깥쪽 코일을 LED에 연결하면 불빛의 세기가 더 커져요. 즉 코일을 많이 감을수록 불빛의 세기가 더 커요.

실제로 전기가 만들어지는 발전소에서도 같은 원리가 적용됩니다. 자기장의 변화를 가져오는 터빈은 회전날개와 회전축으로 구성되어 있으며, 여러 에너지를 받아 회전하게 됩니다. 터빈을 돌리는 힘은 화력, 태양력, 조력, 풍력, 수력 등 여러 에너지가 사용될 수 있습니다. 터빈이 회전하게 되면, 발전기 안에 있는 터빈과 연결된 전자석의 원통이 함께 돌아가게 되는 것입니다. 원통이 돌아가면서 발전기 안에서는 음극과 양극이 번갈아 바뀌게 되고, 결국 전류가 흐르게 되는 것입니다.

전기를 만들기 위해서 우리는 전기의 성질을 알아야 하고 자기장의 성질, 그리고 자기장 속에서 흐르는 전류가 받는 힘(전자기력)을 알아야 합니다. 우리 함께 전기 에너지를 만드는 과정을 여행하며 체험해봅시다.

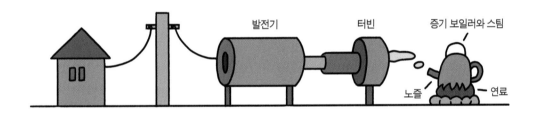

그림은 화력발전의 모형도입니다. 전기를 만들기 위해서는 연료가 있어야 하겠지요?

연료에 의해 증기보일러의 보일러에 화석연료를 연소시켜 얻은 에너지로 물을 끓여 증기로 만듭니다. 그 증기로 터빈을 회전시켜 회전력을 얻은 후, 터빈 축에 연결된 발전기로 전기를 얻는 것입니다. 석탄화력발전의 경우 보일러를 가동할 때는 유류를 사용하고, 정상 운전 중에는 유연탄을 사용하도록 되어 있습니다. 화력발전은 우리가 가장 많이 사용한 발전 방식인데요. 이는 고갈될 가능성이 높고 오염물질 배출에 따른 환경오염이 많습니다. 그리고 수력발전은 댐 건설의 어려움, 생태계 파괴 등의 문제가 있습니다. 그러한 문제들을 해결하기 위해 에너지 절약으로 화석연료의 고갈 시기를 최대한 늦추고 신재생 에너지를 빨리 개발할 필요가 있습니다.

1-3. 신재생 에너지는 미래 에너지?

미래의 에너지 문제에 가장 많은 대안으로 떠오르는 것이 신재생 에너지입니다. 재생 에너지란 햇빛, 바람, 물, 생물 유기체에서 얻는 에너지인 태양열, 태양광발전, 바이오매스, 풍력, 소수력, 지열, 해양에너지, 폐기물 에너지를 말합니다. 그리고 신에너지란 화석연료를 대신할 새로운 연료 물질을 개발한 에너지로 연료전지, 석탄액화·가스화, 수소 에너지가 있습니다. 그중에서 현재 가장 많이 상용화된 에너지 기술은 태양광, 풍력 발전을 들 수 있습니다.

신재생 에너지의 증가율은 전체 전기 에너지 생산량에 비하면 미미한 수준이지만 과거에 비해서는 확연히 증가하고 있습니다. 태양광은 약 30% 이상 증가하고 있으며, 풍력은 20% 정도로 증가하고 있습니다. 2050년에 이르러서는 전 세계 에너지의 약 40%를 공급할 것으로 추산합니다.

그러나 중요한 것은 이러한 신재생 에너지가 현재의 에너지 체제를 대체할 수 있을까 하는 것입니다. 단순히 신재생 에너지가 대체할 수 없다는 의미를 넘어서 대체를 하는 것이 바람직한 것인지를 생각해봐야 합니다. 왜냐하면 신재생 에너지가 발전 과정 중 탄소를 배출하지 않는 것일 뿐, 에너지 비용을 발생하지 않는 것은 결코 아니기 때문입니다. 도시 구조와 에너지 소비패턴을 면밀히 분석한 다음에 결정해야 하는 이유가 있는 것입니다.

신재생 에너지의 특징을 알아보면 그 이유를 명확하게 알 수 있습니다. 신재생 에너지는 석유나 석탄처럼 특정한 지역에 압축적으로 모여 있는 것이 아닙니다. 간략하게 말해서 많은 신재생 에너지를 얻으려면 많은 땅이 필요합니다. 서울의 전기를 자급할 정도의 발전을 하려면 강원도의 산 전체를 깎아서 풍력 터빈을 설치를 해야 하는데, 이것이 과연 친환경적인 선택일까요? 화력발전소는 1/1000의 부지에서도 충분히 동일한 양의 발전을 할 수 있습니다.

전 세계가 발전할 전기를 태양광에서 얻으려면 미국 오클라호마 주 정도의 땅에 한 뼘도 남김없이 태양광 전지를 설치해야 하는데, 이로 인한 생태계 파괴는 말이 필요 없을 것 같습니다. 또한 태양광 전지로 전 세계 에너지를 공급하려면 현재 미 정부 전체 예산의 100배 정도의 예산이 필요하고, 유지에만 어마어마한 자금이 투입되어야 한답니다. 또한 그 에너지를 수송할 때도 에너지 손실이 큽니다. 서울과 같은 거대 도시의 발전을 하려면, 강원도 전체를 깎아서 태양광 및 풍력 단지로 만들고 이를 전부 구리선으로 연결해서 서울로 전달해야 합니다. 즉, 신재생 에너지는 기본적으로 서울과 같은 거대 도시보다 분산된 주거 형태에 훨씬 적합합니다. 서울 같은 경우 원자력 및 화력발전으로 집중적으로 생산한 에너지를 한꺼번에 수송하는 것이 효과적입니다. 그리고 신재생 에너지는 기상환경의 영향을 받습니다. 풍력은 바람이 불지 않을 때, 태양광은 햇빛이 들지 않을 때 발전이 불가능합니다. 전부 다 태양광 에너지로 교체하려면 이에 상응하는 배터리가 필수적입니다. 하지만 안타깝게도 2015년 기준으로 지구상의 배터리를 종합하면 85GWh 정도랍니다. 전 세계의 9144TWh으로 계산을 해보면 약 5분 정도 전 세계의 전기를 저장할 수 있을 만한 배터리 수준입니다. 태양광과 풍력을 설치하면 여기에 들어가는 배터리 시스템 설치도 엄청난 낭비입니다.

그러므로 신재생 에너지와 화석연료는 상호 보완되어야 합니다. 현재의 인프라에서 추가적으로 생산되는 에너지 인프라만 태양광과 풍력으로 바꾸는 연구가 적절하다는 의견이 많습니다. 또한 도심 발전에는 화력이, 농촌 및 분산된 환경에서의 발전은 신재생 에너지가 분담해 각 에너지원이 에너지 생산 과정에서 최대한 적은 비용을 발생시키는 방향으로 나아가야 합니다.

최근 우리 생활 주변에서 태양광 패널, 풍력 발전기 등을 많이 볼 수 있습니다. 어느덧 신재생 에너지는 우리 생활 가까이에 있습니다. 수력이나 풍력 발전 분야는 이미 기술개발이 많이 이뤄졌고 상업화가 이루어진 반면 태양광의 경우 연료 효율이나 해결해야 할 과제가 많아 앞으로 인력 수요가 많을 것으로 전망합니다. 또한 연료전지 분야도 인력 수요가 증가할 것으로 예상되며 특히 우리나라의 기술 수준이 높은 자동차 분야에서 기술 개발이 많이 이뤄질 것입니다. 연료전지는 물을 수소와 산소로 분해하는 것을 역이용한 것으로, 화학 에너지가 전기 에너지로 바뀔 수 있도록 구성돼 있습니다. 아울러 폐기물 에너지화 연구원, 에너지 수확 전문가, 탄소 배출권 거래중개인 등을 미래 유망 직업으로 꼽을 수 있습니다. 폐기물 에너지화 연구원과 에너지 수확 전문가는 재생에너지의 한 분야를 연구한다는 점에서 신재생 에너지와 연관성이 있고, 탄소배출권 거래중개인의 경우 기후변화협약에 따른 대응 수요 확대가 유망성의 판단 근거가 될 수 있습니다. 그 외의 친환경에너지 직업으로 온실가스 인증심사원, 자연을 건축하는 친환경 건축가, 태양광 발전 연구원, 환경공학 기술자 등의 직업군들이 있습니다.

이러한 직업들은 끊임없이 연구를 계속해야 하기 때문에 상당히 수준이 있는 전문 지식과 사회봉사 정신 등이 요구됩니다. 관심을 가지고 도전해볼 필요가 있겠습니다.

지금 현재 신재생에너지의 비중은 지속적으로 증가하고 있습니다. 대한민국의 총생산 에너지는 원자력과 신재생에너지에 의해 생산된다고 해도 과언이 아닙니다. 동일본 대지진으로 인해 일본 후쿠시마의 원전에 사고가 발생해서 전 세계적으로 원자력 발전에 대해 비용적인 효용보다는 위험성이 부각되고 있습니다. 일부 국가에서는 단계적으로 원전을 폐지하겠다고 선언을 하는 등, 한때 각광을 받던 원자력 발전이 애물단지처럼 변하기도 했습니다.

그러나 우리나라의 상황을 보면, 원자력발전이 총발전량 중에서 차지하는 비율이 2004년에 38%, 2012년에는 34%, 2016년에는 36%를 점유하고 있습니다. 원자력에너지를 배제하고 신재생에너지를 미래의 에너지로 하기 위해서는 우리가 현재 쓰고 있는 전기에너지 소비를 줄이는 것도 필요하겠습니다.

또한 환경을 보호하기 위한 노력을 하는 직업군이 필요하겠지요? 화석연료가 내뿜는 이산화탄소를 줄일 수 있어 환경오염을 줄일 수 있는 여러 가지 방법을 고안해야 하겠습니다.

■ '에너지 프로그램에 참여하는 나'에 대해 질문해보기

1. 에너지 자원에는 어떤 것들이 있을까?

2. 자원 고갈에 따른 문제들을 탐구해보자.

3. 어떤 에너지 자원이 미래에 각광받는 에너지가 될 것인가? 그 이유는?

4. 내가 관심이 있는 에너지 및 발전소에 대해 조사해보자.

5. 현재 현실적인 에너지원인 원자력에 대해 알아보자.

6. 재생 에너지와 관련된 직업에 종사하는 나를 상상하여 표현해보자.

7. 미래의 내 직업과 관련하여 에너지 문제에 대해 생각한 것을 써보자.

■ 환경과 관련된 여러 직업들에 대해 탐구해볼까요?

1. 온실가스인증 심사원

2. 제품 환경컨설턴트

3. 자연을 건축합니다, 친환경건축가

4. 태양에너지를 전기로? 태양광발전연구원

5. 환경오염은 NO! 환경공학기술자

6. 환경을 생각한 기상 캐스터, 기후변화전문가

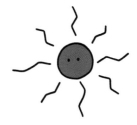

^{2장} 생활 속의 정전기 탐구

겨울철이 되면 자동차 문이나 출입문 손잡이를 무심코 잡다가 깜짝 놀라는 경우가 많지요? 이것은 정전기 때문입니다. 정전기는 정지되어 있는 전기라는 뜻으로 마찰 등 외부의 힘을 받으면 전자가 어느 한 곳으로 몰리면서 양(+) 또는 음(-) 전하를 나타냅니다. 이 전하가 전깃줄과 같은 도체를 타고 흐르는 것이 전류이고, 반면 전하가 흐르지 못하고 한 곳에 머물면 정전기가 됩니다.

책받침을 머리카락에 문지르면 머리카락이 달라붙는 것을 볼 수 있는데 정전기는 전기가 많이 쌓이거나, 도체와 닿으면 즉각 흐르려는 성질 때문에 일어나는 현상입니다. 겨울철에 자동차 문이나 출입문 손잡이를 잡는 순간 '찌릿찌릿' 하고 모직 스웨터를 벗을 때 몸에 달라붙어 잘 벗겨지지 않는 현상은 모두 정전기 때문이지요.

압전기를 이용하여 정전기가 이동하는 것을 쉽게 눈으로 보는 장치도 만들 수 있어요. 그림과 같이 도화지에 압전기의 두 끝에 핀을 달아 테이프로 고정한 후, 압전기를 누르면 반짝하고 전기가 이동하는 것을 볼 수 있어요.

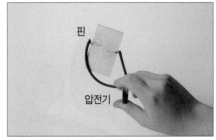

압전기를 이용, 정전기를 만들면 전기가 지나가는 것이 보여요.

번개나 벼락도 정전기와 같은 원리로 만들어집니다. 원인이나 과정은 그리 간단하지는 않지만 구름과 땅 사이의 방전, 즉 소나기구름이 형성될 때 그 내부에서 전하가 분리되어 구름 윗부분에는 양전하가, 아랫부분에는 음전하가 모이게 됩니다. 음전하가 꾸불꾸불한 경로를 통해 땅으로 향하고 이것이 땅에서 수십 미터 정도에 이르게 되면 땅과의 전위차가 점점 커지게 되어 그 부근의 뾰족한 부분으로부터 양전하의 이동을 유도하고 결국 이 두 경로가 연결됩니다. 이렇게 연결된 통로를 통해 땅에서 구름으로 큰 전류가 이동하면서 벼락이 만들어집니다.

정전기 현상은 우리 생활 속에 자주 일어납니다. 이 현상을 이용하여 생활을 편리하게 할 수도 있고, 이 정전기 현상으로 피해를 입기도 합니다.

정전기 현상이 일어나는 여러 가지 실험들을 통하여 정전기의 원리를 이해하고 정전기를 이용하고 정전기 현상의 피해를 막는 방법에 대해 알아보도록 합시다.

2-1. 정전기 실험 1 : 움직이는 물, 그리고 캔

정전기를 눈으로 볼 수 있는 실험을 해봅시다. 정전기 실험에는 여러 가지가 있는데 그것을 다 해볼 수도 있고 시범으로 몇 개만 해볼 수도 있겠지요. 쉽게 구할 수 있는 풍선이나 PVC 막대, 에보나이트 막대를 이용한 정전기 실험을 해봅시다.

대전된 막대 또는 모피에 문지른 막대를 이용하여 물이 휘는 것을 관찰해보세요.

대전된 막대 또는 긴 막대 풍선을 알루미늄 캔에 가까이 가져가도 끌려오는 것을 볼 수 있습니다.

이번에는 캔 대신에 알루미늄호일과 신문지를 둥글게 말아 테이프로 붙인 긴 봉을 유리컵 위에 올려놓고 대전막대를 가까이 해보세요. 끌어당기는 것을 볼 수 있어요.

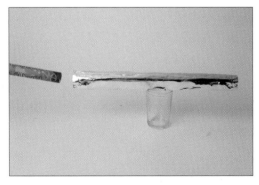

물, 알루미늄호일, 건조한 종이 등에 정전기가 작용하여 서로 끌어당기는 인력을 관찰할 수 있습니다.

물질들은 어떤 원리에 의해 서로를 끌어당길까요? 모든 물질은 분자라는 미립자들로 이루어져 있습니다. 이 분자는 원자라는 더 작은 부분들로 이루어져 있지요. 평상시에는 (+)전하량과 (-)전하량이 같습니다. 즉 전기적으로 중성을 띠게 되지요. 그런데 마찰에 의해 전기를 잃어버리고 얻는 성질에 의해 전기가 발생합니다. 서로 다른 물체의 마찰에 의해 전자가 이동하면서 양성자 수가 전자 수보다 많으면 (+)전기를 띠고 양성자 수가 전자 수보다 적으면 (-)전기를 띠게 됩니다.

습도가 60%를 넘는 여름철엔 정전기가 몸에 축적되지 않고 공기 중의 수증기를 통해 수시로 방전돼 정전기가 발생하지 않습니다. 하지만 습도가 30~40%에 머무르는 겨울에는 정전기가 쉽게 관찰됩니다. 습도가 높으면 물기를 통해 공기 중으로 정전기가 빠져나가기 때문입니다. 그래서 치마가 스타킹 등에 달라붙는 정전기를 막기 위해서는 습도를 유지시켜 주기 위해 스타킹에 로션 같은 것을 발라주기도 합니다. 옷의 정전기를 막기 위해 옷을 목욕탕이나 세면대 등에 걸어두었다가 입어도 좋겠지요.

2-2 정전기 실험 2 : 빨대와 알루미늄호일로 만드는 정전기력

쉽게 구할 수 있는 빨대와 호일로 정전기 실험을 해볼까요?

이때 대전체는 플라스틱 막대나 볼펜을 머리카락이나 모피에 문질러서 만들어줍니다. 대전체를 가까이 가져가면 밀어내면서 움직이는 빨대를 볼 수 있습니다.

함께 만들어봐요.

빨대를 10cm 정도 자르세요. 빨대 가운데에 핀을 꽂습니다.

핀을 또 다른 빨대 구멍에 넣어 T자 모양을 만드세요.

정전기 빨대 실험장치 완성.

PVC 막대(또는 막대풍선)를 모피나 머리카락에 문질러서 앞에서 만든 빨대에 가까이 가져가면 빨대가 끌어당기는 것을 볼 수 있습니다.

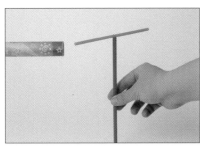

부도체는 자유전자는 없으나 분자 내의 전자가 영향을 받아 극성을 띠게 되고 이 극성을 띤 분자들이 힘을 받아 가까운 쪽은 (+)로 대전되어 인력에 의해 가벼운 종이가 대전체에 달라붙어요.

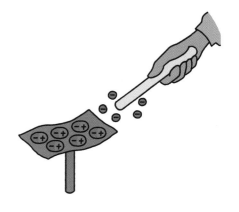

알루미늄호일도 같은 방법으로 빨대에 꽂아 대전된 막대를 가까이 가져가면 어떻게 반응하는지를 알아봅시다. 빨대는 부도체이고, 호일은 도체로 대전체를 가까이 가져가면 아래와 같이 전자가 이동을 하여 서로 끌어당기는 것을 볼 수 있습니다.

대전체와 같은 종류의 전자는 먼 쪽으로 이동을 해요.

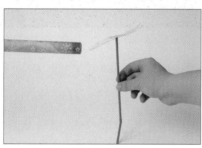

2-3. 정전기 실험 3 : 정전기 북 만들기

알루미늄 컵 두 개를 이용, 정전기로 구슬이 움직이는 놀이도구를 만들어봐요.

실의 끝에 호일을 작게 잘라 뭉쳐서 진동할 구슬을 만들어요.

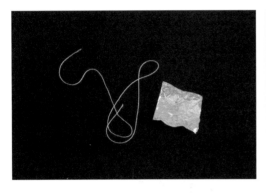 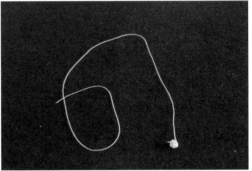

사진과 같이 알루미늄호일로 구슬을 만들어 알루미늄 컵 사이에 위치하게 한 후 대전된 PVC 막대를 가까이 가져가면 구슬이 진동하는 것을 볼 수 있습니다. 이는 전자의 방전과 충전에 의한 현상입니다. 이때, 털로 문질러 대전된 막대를 만들어 실험하기가 번거롭다면 과학사에서 정전기 발생기(매직 펀 플라이)를 구입하여 사용하면 편리합니다.

호일 구슬이 왕복 운동하는 것을 볼 수 있네요. 어떤 힘에 의해 구슬이 움직일까요?

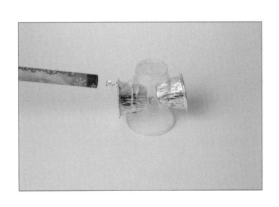

마찰에 의해 전자를 잃어버리고 얻는 성질에 의해 전기가 발생합니다. 대전체를 호일 끝에 가까이 가져가면 알루미늄 구슬이 정전기 유도와 방전을 되풀이하면서 진동합니다. 모피 털로 PVC 막대를 문지르면 막대가 (-)로 대전, 컵으로 이동합니다. 알루미늄 구슬의 컵 쪽과 반대편이 (+)와 (-)로 각각 대전되어 컵에 달라붙게 되고요.

그 즉시 (-)로 되어 반대편 컵에 달라붙습니다. 또 방전이 되고 떨어지는 과정을 되풀이하면서 진동합니다.

정전기 북 두 개를 나란히 가져가면 두 개의 정전기 북 안의 추가 움직이는 것을 볼 수 있습니다. 다른 쪽 알루미늄 컵에 손을 대면 방전되면서 구슬이 전기를 띠지 않게 되어 더 이상 진동을 하지 않습니다. 그러나 다시 대전된 물체를 가져가면 또 진동합니다.

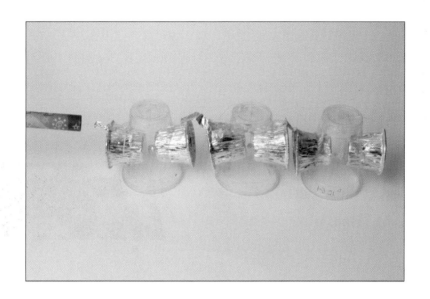

정전기는 왜 일어날까요? 물질을 쪼개고 쪼갠 입자인 원자들을 더 쪼개보면 그 안에는 원자핵과 그것을 둘러싸고 있는 전자들이 결합한 상태를 이루고 있습니다. 전자들은 핵보다 훨씬 가벼워 이동하기가 쉽습니다. 이때 전자가 떨어져 나가기 쉬운 쪽(+)과 얻기 쉬운 쪽(-)이 있는 것입니다. 이를 대전열이라 하는데 이 차이에 의해 전자가 이동을 하는 것입니다.

(+) 털가죽 – 상아 – 유리막대 – 명주헝겊 – 나무 – 고무 – 에보나이트 (–)

풍선을 털 스웨터에 문지른 후 머리 근처로 가져가면 머리카락이 풍선 쪽으로 달라붙습니다. 털로 된 옷감이 고무로 된 풍선보다 왼쪽에 위치하지요? 즉, 털로 된 옷감의 전자들이 풍선 표면으로 이동하면서 전기가 발생한 것입니다. PVC 막대 대신 풍선을 사용하여도 정전기를 띠게 됩니다. 단 가장 끝 쪽에 위치한 두 물질을 마찰시킬 때 정전기가 가장 잘 일어나는 것입니다.

2-4. 정전기 실험 4 : 번개, 벼락 만들기

실생활에서의 정전기 현상으로는 번개가 있어요. 번개나 벼락은 어떻게 만들어질까요?

번개를 일으키는 것은 구름이에요. 머리카락이나 모피털을 문지르면 전기가 이동하는 것처럼 번개도 많은 양의 전하들이 구름에서 구름으로, 또는 구름에서 땅으로 이동하는 현상을 말합니다. 그 번개 가운데 땅으로 떨어지는 것이 있는데 이것을 벼락이라고 합니다. 벼락이 땅으로 떨어지면서 구름의 아래쪽은 음전하를, 지표면은 양전하를 띠면서 구름과 지표면 사이에 전압이 높아지며 아주 짧은 시간에 전류가 흐르면서 만들어집니다.

눈으로 보이는 번개 모형을 만들어보고 벼락이 칠 때 안전을 위해 어떻게 하면 좋을지 생각해보아요. 구하기 쉬운 알루미늄호일, 도화지 및 압전기를 활용하여 번개의 모형을 만들 수 있어요.

알루미늄호일은 전기를 잘 통하는 도체, 도화지는 전기를 잘 통하지 않는 부도체 대신으로 사용하여 그림과 같은 모형을 만들 수 있습니다. 여기에 압전기를 이용, 전기가 발생할 때 어디로 이동하는지 알아보아요.

전기가 이동할 때 뾰족한 곳에 많이 모이는 것을 관찰할 수 있습니다. 이상적인 경우는 땅까지 방전되나 비에 젖은 나무줄기나 그 아래에 있는 사람을 통해 전기가 전달됩니다. 이는 나무가 피뢰침의 금속과 똑같은 정도로 전기를 전도하기 때문입니다. 그러므로 나무 아래에 숨어 있는 것은 안전하지 않아요. 나무 중에서도 너도밤나무 같은 것은 줄기가 매끈하여 수막을 형성하기 때문에 수막 위로 번개가 지나가 땅속으로 들어가지만 보통의 참나무는 줄기가 거칠어서 수막을 잘 형성하지 못합니다. 그래서 번개는 직접 나무 내부로 스며들어 일종의 폭발이 일어나기 쉽습니다. 그 아래에 피한 사람의 몸으로 흘러들어갈 수도 있습니다. 또한 전기는 도체 외부에 골고루 퍼지는 성질이 있어요. 그러므로 번개가 칠 때 자동차 안에 있는 경우 나오지 않는 것이 안전합니다. 금속으로 이루어진 상자, 즉 자동차 안에는 전기가 흐르지 않기 때문입니다.

압전기를 구름모형에 대고 누르면서
전기가 움직이는 것을 확인합니다.

이곳에 압전기를 대고 누르면
전기가 지나가는 길을 볼 수 있어요.

압전기의 다른 끝은 땅에 연결해요.

정전기가 지나가는 길로
나무 아래에 있던 사람에게
전기가 흘러가요.

구름과 나무 사이에 빗방울이
내리면서 전기가 이동되는 것을
보기 위해 중간 중간 틈을
작게 하도록 합니다.

전기는 뾰족한 곳으로 모여요.

차에 떨어진 정전기는 차체 밖으로 전기가
흘러가고 내부에는 전기가 흐르지 않아요.

2-5. 전기 현상은 어떻게 일어나는 것일까?

　전기는 어디에 있을까요? 원자 속에 있습니다. 원자는 물질을 구성하는 작은 단위로 가장 작은 수소 원자에서 무거운 우라늄 원자까지 92종의 천연원자가 존재합니다. 원자들은 원자핵과 전자로 구성되어 있는데 전자는 이 원자핵 속에 잡혀 있습니다. 전자 수의 많고 적음에 따라 전기의 종류가 결정됩니다.

　보통 물체는 전기를 띠지 않습니다. 양성자의 수와 전자의 수가 같은 원자는 전기적으로 중성이므로 전기를 띠지 않는 것입니다. 어떻게 하면 전기를 띠게 되는 것일까요? 전기를 띠게 하기 위해서는 중성인 원자에서 전자를 이동하게 해야 합니다. 고체 안에 들어 있는 양성자는 무거운 원자핵 안에 있어 이동하기 어려운 반면 전자가 쉽게 이동합니다. 전자를 떼어내어 이동시키기 위해서는 에너지가 필요합니다. 즉, 에너지를 주면 원자핵에 구속되어 있는 전자를 떨어뜨릴 수 있는 것입니다.

　앞의 실험에서 보았던 것처럼 두 물체를 마찰시키면 마찰로 인해 전기를 띠게 됩니다. 이를 대전이라 하는데 이때, 전자를 잘 주는 물질로 구성된 물체는 (+)전기라 하고, 전자를 잘 뺏는 물질을 (-)전기라 한 것입니다. 그러나 이러한 마찰 등 외부의 힘을 받아 생기는 정전기는 말 그대로 '정지되어 있는 전기'입니다. 물체는 마찰 등 외부의 힘을 받으면 전하를 띠고 어느 한 곳으로 몰리면서 양(+) 또는 음(-) 전하를 나타냅니다. 이 전하가 전깃줄과 같은 도체를 타고 흐르는 게 전기이고, 반면 전하가 흐르지 못하고 한 곳에 머물면 정전기가 되는 것입니다. 정전기는 많이 쌓이거나, 도체와 닿으면 즉각 흐르려는 성질을 갖고 있습니다.

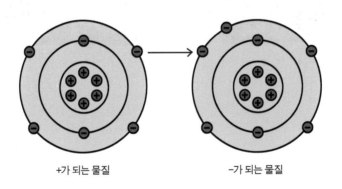

+가 되는 물질　　　　　　　-가 되는 물질

겨울철에 자동차 문이나 출입문 손잡이를 잡는 순간 '찌릿찌릿' 하고 모직 스웨터를 벗을 때 몸에 달라붙어 잘 벗겨지지 않는 현상 등도 모두 정전기 때문입니다. 습도가 60%를 넘는 여름철엔 정전기가 몸에 축적되지 않고 공기 중의 수증기를 통해 수시로 방전돼 정전기가 발생하지 않습니다. 하지만  습도가 30~40%에 머무르는 겨울에는 정전기가 제대로 방전되지 않는 것입니다.

이 때문에 몸에 누적된 정전기가 전기를 통하는 물체에 닿는 순간(약 10억분의 1초) 방전되며, 이때 인체가 받는 충격이 큽니다. 전압이 3천V 이상이며, 일상생활에서 인체에 축적되는 전압의 한계는 3천 500V 정도이나 일시적으로 그 이상 오를 수도 있습니다.

전압이 이처럼 높아도 감전사고가 발생하지 않는 것은 흐르는 전류가 워낙 적기 때문입니다. 정전기의 전류는 약 100만분의 1A로 가정에서 사용하는 전류의 100만~1000만분의 1에 불과합니다. 따라서 정전기는 인체에 무해하지요.

큰 건물에는 보통 피뢰침이 있는데 이것도 전기의 성질을 이용해서 만든 것입니다. 건물 옥상 등에 설치된 피뢰침은 도선을 따라 땅에 연결되어 있어서 번개 속의 전류는 안전하게 유도됩니다.

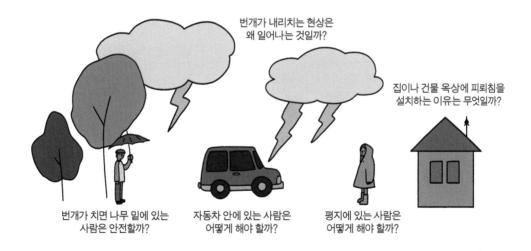

번개가 내리치는 현상은 왜 일어나는 것일까?

집이나 건물 옥상에 피뢰침을 설치하는 이유는 무엇일까?

번개가 치면 나무 밑에 있는 사람은 안전할까?

자동차 안에 있는 사람은 어떻게 해야 할까?

평지에 있는 사람은 어떻게 해야 할까?

벼락이 칠 때, 안전한 경우와 위험한 경우를 살펴봅시다. 물은 전기가 잘 통하는 물질 중 하나입니다. 따라서 야외에서 수영을 하거나 보트를 타는 일은 번개를 유도할 수 있으므로 매우 위험합니다. 주변보다 높이 있는 물체는 번개를 유도할 확률이 크고 움푹 패인 곳은 비교적 안전하다고 할 수 있지요. 벌판의 경우 물체의 키가 조금만 커도 번개를 맞을 수 있습니다. 그러므로 벌판에서는 나무 옆이나 밑에서 멀리 떨어져 있어야 합니다.

벌판에서 피할 곳을 찾지 못했다면 번개에 맞을 확률을 줄이기 위해 가능한 한 몸을 낮추고, 최대한 몸을 움츠려 땅에 닿는 면적을 줄입니다. 예를 들면, 두 다리를 모으고 앉아서 손과 얼굴을 무릎에 묻는 자세 정도가 될 것입니다. 단, 절대로 납작하게 엎드리거나 누워서는 안 됩니다. 사람은 상대적으로 도체라 할 수 있어서 지면에 접촉하는 부분이 넓어지면 넓어질수록 접촉하는 부분 사이의 전위차가 커져서 더 많은 전하가 부도체인 땅이 아닌 사람을 통해 이동하기 때문입니다.

공기 중의 전파를 이용하는 휴대폰은 사용하지 않는 것이 좋아요. 자동차도 엔진을 끄고 멈추는 것이 좋으며 창문을 닫고 정지한 차 안에 있는 것이 안전합니다. 금속으로 되어 있는 자동차의 표면을 타고 전류가 흘러들어 타이어를 통해 땅으로 흘러가기 때문입니다. 반면 창문을 열고 있는 것은 위험합니다. 이것은 차(도체) 내부에 있는 것이 아니라 도체의 근처에 있는 것과 같기 때문입니다. 비슷한 이유로 벌판 등지에서 낚싯대나 골프채, 우산 등 전기가 통하기 쉬운 물체들은 손에서 놓거나, 멀리 버려야 합니다. 번개가 칠 때 집 안에 있다 할지라도 전선을 따라 전기가 흐를 수 있으므로 가전제품이나 전화 사용을 하지 말아야 하겠지요?

2-6. 정전기가 주는 영향, 어떻게 하지?

겨울만 되면 찾아오는 불청객 정전기!

합성섬유 2만V, 스웨터 6000V, 겨울철 머리카락의 정전기의 전압은 3만 9000V 정도. 또한 의자 등에서 나타나는 정전기는 약 2만 9000V, 텔레비전 약 6만V의 정전기가 발생되기도 합니다. 이렇게 정전기는 순간적으로 수천 수만 볼트의 전압을 발생시킵니다. 그러나 이때의 전기는 흐르지는 않고 모여 있는 전기, 즉 정전기입니다. 물체가 마찰에 의해 외부의 힘을 받으면 전기적 성질을 띠게 되어 전기가 통하는 물체가 손끝에 닿으려는 순간 방전되면서 순간적인 전기 충격을 느끼게 되는 것입니다.

발레복의 정전기: 1,282V

머리카락 정전기: 1,441V

정전기는 건조한 공기 중에 미처 흡수되지 못한 전기가 적당한 유도체를 만나면 한꺼번에 방전되기 때문에 일어나는 현상입니다. 한꺼번에 방전되지 않고 수시로 방전되도록 해주려면 대기의 습도를 60%까지 유지되도록 하면 됩니다.

전철을 탈 때나 옷을 벗을 때 일어나는 정전기는 머리카락을 뻗치게 합니다. 특히 염색, 파마를 자주하는 경우 머리카락 정전기는 쉽게 일어납니다. 이를 막기 위해서는 따뜻한 물보다는 찬물로 헹구면 정전기가 덜 일어납니다. 머리를 말릴 때도 시원한 바람으로 말리면 정전기를 예방하게 됩니다. 헤어드라이어는 정전기를 발생시킬 수 있으므로 자연 건조시키는 게 좋고, 머리가 3분의 2 정도 말랐을 때 옷을 입는 게 바람직합니다. 습기가 있으면 전기가 쌓이지 않고 순간순간 방전되기 때문입니다.

스타킹과 같은 화학섬유들은 정전기를 잘 일으키는데 정전기가 덜 발생되도록 하기 위해서는 어떻게 하면 좋을까요? 세탁 후에는 섬유린스로 헹구거나 정전기 방지 스프레이를 사용할 수 있습니다. 외출 중에 스커트나 바지가 몸에 들러붙거나 말려 올라갈 때는 로션이나 크림을 다리나 스타킹에 발라주면 효과가 있습니다.

스타킹의 경우 낡을수록 정전기가 많이 발생하는데 이때는 세탁할 때 식초를 몇 방울 떨어뜨려 헹구면 스타킹도 질겨지고 정전기를 줄일 수 있습니다.

옷을 보관할 때도 같은 섬유의 옷을 포개거나 나란히 걸어두지 말고 코트와 털스웨터 사이에 신문지를 끼워놓거나 순면 소재의 옷을 걸어두면 정전기가 덜 발생합니다. 합성섬유로 된 겉옷을 입을 때는 속에 면 소재의 옷을 입는 것이 좋고, 정전기가 유난히 심한 옷은 목욕탕이나 세면대에 걸어두었다가 입으면 적당히 습기가 배어 정전기를 막을 수 있습니다.

순간적인 정전기의 방전 에너지가 가연성 가스 및 유증기와 만나면 폭발할 가능성이 있습니다. 석유 취급소에서는 사고 위험률이 높습니다. 미국의 경우 주유소에서 매년 150건의 정전기에 의한 사고가 발생한다고 합니다. 요즘 점점 늘어나는 셀프주유소에서 기름을 넣다가 정전기로 인하여 차량에 불이 붙어 폭발한 사건이 뉴스에 가끔 나옵니다.

셀프주유소에서 기름을 넣을 때 정전기를 방지하기 위해 어떻게 해야 할까요? 우선 주유기 근처에서는 정전기를 유발하기 쉬운 휴대폰을 사용해선 안 되고, 반드시 엔진을 끄고 기름을 넣어야겠습니다.

그리고 주유 전 엔진 정지 및 쇠붙이(열쇠) 등을 이용하여 정전기를 흘려보내기. 주유기에 있는 정전기 방지 패드 접촉 및 비닐장갑을 착용 후 주유하기. 연료 주입구에 노즐 투입 전 한쪽 손에는 노즐을 잡고 다른 한 손은 차량 금속부와 접촉하기 등의 주의 사항을 지킵니다.

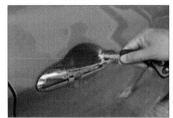

쇠붙이 등을 이용해 정전기 흘리기

주유 전 정전기 방지 패드에 접촉하기

한 손에는 노즐을 잡고 다른 손에는 차량 금속 부 접촉하기

2-7. 정전기를 이용하자

우리가 불편하게만 생각하는 정전기, 그러나 정전기는 우리 생활을 편리하게 하는 면이 훨씬 많기에 우리에게 정전기란 필수 불가결한 존재입니다. 우리의 생활에 유용한 정전기를 알아봅시다. 가장 흔하게 쓰이는 곳은 차의 도장, 복사기, 프린터들입니다.

자동차의 도장이란 여자들의 화장과 같습니다. 도장을 통해 외관을 아름답게 할 뿐만 아니라 방음 및 방수, 부식 방지를 돕습니다. 여기에 정전기가 어떻게 작용할까요? 페인트 알갱이(-)를 분사해서 양전기(+)를 띠는 자동차에 페인트칠하는 과정에서 정전기 현상이 작용합니다. 이는 마찰된 풍선에 색종이 조각들이 달라붙는 것과 같은 원리입니다.

풍선에 종이가 달라붙듯이 페인트 알갱이(-)가 양전기(+)를 띠는 자동차에 달라 붙습니다.

우리가 흔히 이용하는 복사기에도 정전기 현상이 이용됩니다. 전류에 의해 음전하를 띤 토너 가루(-)를 뿌리면 금속 원통에 비친 글자 모양이 양전기(+)를 띠면서 토너 가루가 붙게 되는 원리입니다.

원통에 종이를 밀착시킨 후, 높은 전압을 걸어주어 (+)전하로 대전시킵니다. 자료의 상을 원통 위에 만들며 빛이 닿지 않는 부분만이 (+)전하가 남습니다. (+)전하가 남아 있는 상에 (-)로 대전된 토너가 붙게 되는 것입니다.

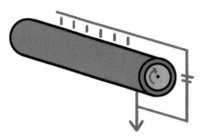

높은 전압을 주면 롤러 표면이 (+)전하로 대전됩니다.

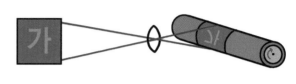

자료의 상을 원통 위에 만들며, 빛이 닿지 않는 부분만이 (+)전하가 남습니다.

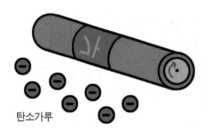

탄소가루

(+)전하가 된 상에 (-)로 대전한 토너가 붙습니다.

원통에 종이를 감고 종이 뒷면에 코로나 방전을 시키면 정전기력에 의해 토너가 종이에 붙습니다.

2-8. 정전기는 어떻게 막지?

정전기는 반도체 제품 등에 불량품 및 메모리 저장 장치의 훼손을 일으킬 수도 있습니다. 우리가 흔히 사용하는 전기 제품들인 스마트폰이나 LED 등은 정전기에 매우 취약합니다. 정전기 보호회로를 내장하지 않으면 오작동을 일으키거나 작동하지 않을 수 있습니다. 또한 각종 산업용 전기 장치들도 장비 내에 축적되어 있는 정전기에 의해 정상적으로 작동되지 않을 수 있습니다.

정전기로부터 전기 제품을 보호하기 위해 TVS 소자(Transient Voltage Suppressor: 순간 과도 전압 억제소자)라는 것을 병렬로 연결하는 방법이 있습니다. 옥외에 설치되어 있는 LED 전등(예를 들면 신호등 같은 것)에 정전기 보호 소자가 내장되어 있지 않은 경우에는 번개가 내리칠 경우 LED 전등에 있는 LED 소자가 번개에 의하여 파괴되어 고장이 나기 쉽습니다. 번개가 내리칠 때에도 LED 전등에 무리가 가지 않도록 하기 위해 LED 소자에 병렬로 TVS 소자를 연결해주는 방법이 있습니다.

LED 소자와 TVS 소자가 병렬로 연결된 상황에서 번개가 내리칠 경우, 번개에 의한 순간 전류는 병렬로 연결된 LED 소자와 TVS 소자로 흐르게 됩니다. 이때 전류의 양은 LED 소자와 TVS 소자가 가지고 있는 저항 값에 의하여 분배가 됩니다. 즉, 저항 R1과 R2가 병렬로 연결된 경우, 전류는 저항이 작은 쪽으로 더 많이 흐릅니다. LED 소자와 TVS 소자가 병렬로 연결된 경우도 이와 같은 원리를 이용한 것입니다. TVS 소자는 번개가 쳐서 과도한 전류가 흐를 때는 저항이 거의 0Ω이 되어 LED 소자에는 전류가 흐르지 않아 전기장치를 보호하게 됩니다. 반면 전류가 작을 때는 저항이 무한대가 되어 LED 소자에 전류가 흘러 전기장치를 사용할 수 있습니다.

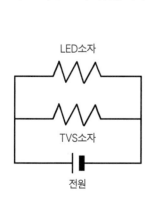

LED소자

TVS소자

전원

피뢰침이 번개를 끌어들입니다.

외부케이블이나 전선을 통해 유도파가 침입합니다.

전산실 장비실

각 기기들이 개별 접지되고 전위차가 발생시 과도한 전류가 흐르면 TVS 소자에 저항이 0이 되어 기기에는 전류가 흐르지 않게 합니다.

■ 정전기 실험을 할 때 질문하기

1. 대전된 에보나이트 막대를 물 가까이 가져가봅시다. 어떤 현상이 일어날까요?

2. 마찰전기를 가진 유리막대나 에보나이트 막대를 이용해 알루미늄 캔을 움직여

   봅시다. 캔이 움직이는 이유는 무엇일까요?

3. 알루미늄호일로 길게 봉을 만들어도 움직일 수 있을까요?

4. 빨대와 호일을 이용하여 정전기 현상을 만들어봅시다. 대전된 막대를 가까이

   가져갈 때 인력과 척력이 나타나는 이유는 무엇일까요?

5. 정전기 북을 만들어 정전기 구슬이 왕복 운동하면서 진동하는 이유를 살펴봅시다.

■ 번개 만들기 실험을 할 때 질문하기

땅 쪽에 전선을 연결하고 다른 전선의 끝에 연결된 압전기를 구름 쪽에 놓은 상태에

서 누르면 전기가 발생합니다. 이때 전기의 움직임에 대해 알아보아요.

1. 구름에 전기를 발생시켰을 때 전기의 흐름을 관찰해봅시다. 나무 아래에 숨어 있

   는 것은 안전하다고 말할 수 있을까요?

2. 차 안에 있는 사람에게 벼락이 떨어졌을 때 어떻게 행동해야 할까요? 그 이유는

   무엇일까요?

3. 호일의 한쪽 끝에 전선을 연결하여 압전 장치로 전기를 발생 시 다른 쪽에 있는

   호일의 끝을 만지면 어떻게 될까요? 그 이유는 무엇일까요?

3장 전류는 어떻게 흐를까요?

우리가 생활 속에서 사용하는 전기는 화력이나 수력, 원자력 발전소에서 만들어져 우리 집까지 옵니다. 전기는 어떻게 이동할까요? 전하가 이동하는 원리, 즉 전류가 흐르는 원리에 대해 알아봅시다.

전자의 흐름은 물의 흐름에 비교해 설명할 수 있습니다. 물의 높이가 높은 쪽에서 낮은 쪽으로 흐르고 높이 차이가 클수록 물의 속도가 빨라지는 원리로 설명됩니다. 같은 원리로 양전하에 의해 음전하가 끌어당겨지는데, 이때 전기가 이동할 수 있게 하는 압력을 전압 또는 전위차라고 합니다. 전압 차이에 따라 전하가 이동하는 속도가 달라지는데 이를 전류라고 하는 것입니다.

물의 세기가 단면적을 통과하는 물의 양에 따라 달라지듯이, 전류의 세기도 1초 동안에 도선을 흐르는 전하의 양으로 나타납니다. 보통 A(암페어)라는 단위를 쓰는데, 1A는 1초 동안 도선을 흐르는 전하의 양이 1C(6.25×10^{18}개의 전하의 양)인 전류의 세기를 말합니다. 이때 이동하는 두 점 간의 전위차라는 것을 생각해야 해요. 전류가 흘러가는 길이 연결되어 있지 않다면 두 점 간의 전위차가 존재하지 않으므로 전류가 흐르지 않겠지요.

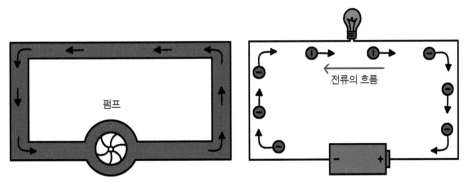

물의 흐름과 도선 속의 전자의 이동, 전류의 방향 비교

연결된 두 점의 전압 차이가 클수록 전류의 세기가 커지게 되는데 전지가 없는 경우에는 양쪽의 전압 차이가 같아질 때까지만 전류가 흐르게 됩니다. 그리고 전지를 연결한 경우, 전지 양 끝의 전압 차이가 클수록 전류의 세기는 커지게 되는 것이지요.

전위차에 따라 전류의 세기가 달라지기도 하지만 같은 전압을 사용하는 경우에도 전기 기구의 종류, 연결 방식에 따라 지나가는 전류의 양이 다 달라집니다. 사용하는 전기 기구에 따라 발생하는 에너지도 달라지는 것이지요.

전기가 흐르는 길을 전기회로라고 하는데 전기가 이 길을 따라 흐르게 하기 위해 길이 끊어지지 않게 하고 전압을 걸어주어야 합니다. 그래야 전류가 흘러 불이 켜지게 하고 열을 내게도 하지요. 전기회로를 이루는 도선의 종류, 연결 방식을 어떻게 해야 전기 에너지를 이용하기가 편리할까요?

본 장에서는 전기가 흐르는 물질(도체)과 흐르지 않는 물질(부도체), 전기가 흐르게 하는 조건들에 대해 알아보려고 해요. 저항, 전류의 관계, 최근의 이슈가 되고 있는 웨어러블 기기의 재료가 되는 신소재를 가지고 놀아보려고 해요. 전도성 실, 펠트지, 칼라점토 등을 이용하여 여러 가지 재미있는 완구들도 만들어보아요.

그리고 전기뱀장어가 센 전류가 흐르게 하여 먹이를 잡아먹으면서 필요에 따라서는 작은 전류가 흐르게 하는 원리를 탐구해보아요. 저항의 연결을 알아보기 위해 도선 대신에 연필심을 이용하여 물질의 종류와 길이, 두께에 따라 저항이 달라지는 것도 실험해봅시다.

3-1. 전류가 잘 흐르는 물질과 그렇지 않은 물질

　도체에는 원자로부터 벗어나 있는 전자들이 많이 있습니다. 이를 자유전자 또는 전도전자라고 하지요. 물질의 종류에 따라 자유전자의 이동이 쉬운 물질과 그렇지 않은 물질이 있어요. 건전지에 꼬마전구를 연결하는데 중간 도선에 플라스틱 자, 종이, 연필, 호일, 포크, 가위들을 연결하여 불이 켜지는 경우를 알아봅시다.

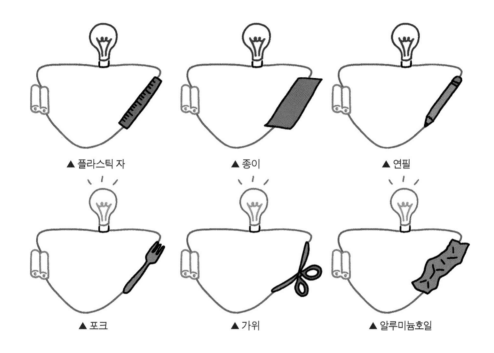

▲ 플라스틱 자　　　　▲ 종이　　　　▲ 연필

▲ 포크　　　　▲ 가위　　　　▲ 알루미늄호일

　철로 된 포크, 가위, 호일은 도체로 불이 켜지지만, 플라스틱 자, 종이, 연필은 부도체로 전기불이 켜지지 않아요.(단, 연필은 연필심만 연결하면 불이 켜질 수 있어요.) 즉, 전기를 통하는 물질과 통하지 않는 물질이 있다는 것을 알 수 있지요. 어떤 물질이 전기를 잘 흐르게 하는 것일까요?

모든 고체는 원자들로 구성되어 있고 각 원자는 여러 개의 전자를 가지고 있어요. 대부분의 전자들은 전기력에 의해 원자의 원자핵에 구성되어 있기 때문에 자유롭게 움직일 수 없지요. 그러나 어떤 물질들은 전기장을 걸어주면 자유롭게 움직일 수 있는 전자들인 자유전자를 가지고 있어요. 자유전자가 많은 구리, 알루미늄 같은 물질을 도체, 자유전자가 거의 없는 종이, 나무, 유리, 고무, 플라스틱 등을 절연체라고 합니다.

그럼 사람 몸은 도체일까요? 네. 사람 몸도 도체예요. 사람이 도체인 이유는 몸의 대부분에 수분을 포함하고 있기 때문입니다. 물은 부도체를 도체로 만드는 대표적인 물질입니다. 이는 7장, 전지에 대해 탐구할 때 더 자세히 다룰 것입니다. 그러나 사람의 피부는 그다지 좋은 도체가 아니라서 220V를 만진다 하더라도 물기가 전혀 없는 상태라면 저항이 매우 강해서 실제 흐르는 전류는 얼마 안 됩니다. 하지만, 피부가 벗겨졌거나, 물이 묻어 있으면 사람 피부 내에 엄청난 전류가 흐르게 되어 위험합니다.

3-2. 전구에 불이 들어오는 조건 알아보기

전기를 잘 흐르게 하기 위해서는 전압 차이가 있어야 하겠지요? 그리고 전달하는 도선이 중간에 끊겨 있지 않아야 하고요. 전지에 다음과 같이 여러 가지 방법으로 도선을 연결해보아 불이 들어오는 경우를 찾아봅시다.

우선 전지의 +극과 -극을 바로 연결해보면 어떻게 될까요? 전지의 양 극을 은이나 구리, 알루미늄호일 같은 도체로 연결하게 되면 전자가 전기회로를 따라 쉽게 흐를 수 있게 됩니다. 전기가 잘 흐르는 물체는 열이 나서 팽창하게 되지요. 건전지는 금방 방전되고요. 호일 끝이 뜨거워지는 것은 왜일까요? 자유전자가 움직이면서 전선 속의 원자와 충돌하면서 열이 발생합니다. 다리미나 헤어드라이어와 같은 전열도구는 이 열을 이용한 전기도구랍니다. 건전지를 알루미늄으로 싸놓게 되면 불이 날 수 있으니 주의해야 하겠지요?

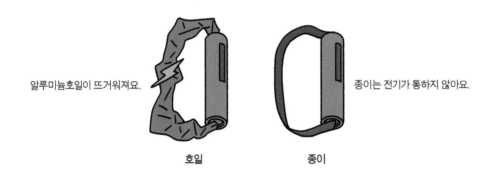

알루미늄호일이 뜨거워져요.　　　　　　　　　　　　　종이는 전기가 통하지 않아요.

호일　　　　　　　종이

이번에는 전지와 전구를 연결하여 회로를 만들어봅시다. 전위차가 클수록 전하가 빨리 이동을 합니다. 그 회로는 도체로 연결하여야 하고요. 그럼에도 회로 중간에 불이 들어오지 않는 경우가 많습니다. 어떤 회로에서 전구에 불이 켜지는지 알아봅시다.

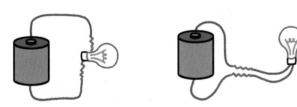

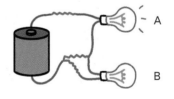

전구의 걸쇠 부분에 전지의 두 극이 연결된 경우 전위차가 같으므로 전류가 흐르지 않아요. 한 극은 꼬마전구의 아래 쪽에 연결해야 해요.

중간에 선이 붙어버린 경우는 전류가 전구에 가기 전에 두 선이 닿은 곳에서 직접 -극 쪽으로 흘러가게 됩니다.

A 전구를 지나간 전류가 B 전구의 저항을 지나지 않아요. 전류는 저항이 작은 쪽으로 움직여요.

그러면 불빛의 밝기는 무엇과 관련이 있을까요? 밝기는 전류의 세기와 관계가 있습니다. 전류의 세기는 전압의 크기와 관련이 있지만 같은 전압이더라도 회로의 연결 방법에 따라 그 빛의 세기가 달라집니다. 즉, 전구를 직렬로 연결하면 건전지의 에너지를 나누어 불빛을 밝히게 되지만 병렬로 연결하면 각자의 꼬마전구에 각각의 건전지를 연결한 것과 같습니다. 직렬로 연결하면 오랜 시간에 걸쳐 쓰게 되지만 어둡고, 병렬로 연결하면 짧은 시간에 걸쳐 밝은 빛을 냅니다. 생활 속에 쓰고 있는 전자제품의 연결과 관련해 생각해봅시다.

우리는 많은 전기 제품들을 쓰고 있어요. 그 전기 제품들이 어떻게 연결되어 있을까요? 직렬로 TV, 냉장고, 세탁기, 다리미가 연결되어 있는 경우, TV를 보려면 냉장고, 세탁기, 다리미를 모두 동시에 켜야 해요. 그러면 전류도 조금 흐르겠지요? 그러나 병렬로 연결하면 필요한 것만 켜고 다른 건 꺼 놓아도 돼요. 그래서 우리가 흔히 쓰는 전기제품들은 병렬로 연결해서 쓰는 것이지요. 전기제품들의 전력 소모를 비교하기 위해 전구를 직렬과 병렬로 연결하여 불빛의 밝기를 알아보아요.

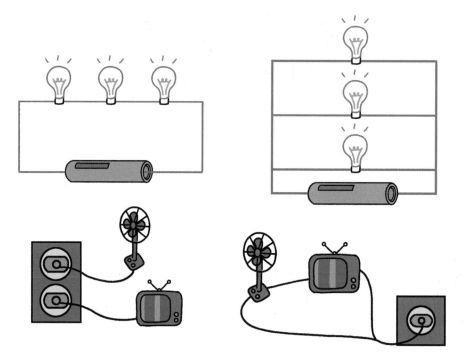

전자제품들을 직렬 연결하면 하나의 전원을 끄면 다른 것들도 모두 꺼져요. 각 제품들에 일정한 전압을 갖게 하지 않습니다.

전자제품들을 병렬 연결하면 선풍기를 꺼도 TV가 꺼지지 않아요. 각 제품에 일정한 전압을 가져요.

3-3. 에너지볼로 놀아보기

작은 전류에도 전류가 흐르는 에너지볼이라는 과학 완구를 가지고 재미있는 놀이를 할 수 있어요. 에너지볼이란 트랜지스터와 콘덴서, 수은전지 그리고 도선으로 연결하여 LED의 불빛이 들어오게 만든 완구예요. 회로를 연결하면 불이 들어오고 중간에 도선이 연결되지 않으면 불이 들어오지 않아 전기가 통하는지 알아볼 수 있어요.

Q1. 에너지볼의 끝을 사람 손이 아닌 종이로 연결해도 불이 켜지나요?

네. 에너지볼의 두 끝을 잡으면 인체가 일종의 도체로 전류가 흘러 불이 켜집니다. 사람 손이 아닌 종이로 연결하면 전류가 흐를 수 없으므로 불이 켜지지 않습니다.

Q2. 손에 물을 묻혔을 때와 건조할 때 불빛의 밝기에 차이가 있을까요?

네. 손에 물을 묻히고 했을 때는 전기가 더 잘 움직일 수 있는 상태가 되므로 불빛이 더 밝아집니다.

Q3. 에너지볼을 잡는 사람의 수가 많아질수록 불빛이 더 밝아지나요?

대전될 때 물체 사이에 전자는 이동을 하지만 새로운 생성이나 소멸은 없기 때문에 전하량은 항상 보존이 됩니다. 즉, 여러 사람들이 손을 잡고 실험을 하더라도 불이 깜빡이는 것은 도중에 전하가 없어지지 않았다는 뜻입니다.

Q4. 감전이란 무엇이지요?

감전이란 전기가 몸에 닿아서 충격을 받는 것을 말해요. 너무 큰 전류가 몸에 흐르면 목숨을 잃을 수도 있답니다. 가정에서 감전 사고를 예방하려면 누전 차단기를 설치하고 정상적으로 작동하는지 한 달에 한 번씩 점검해야 해요. 전선이 낡아서 피복이 벗겨진 곳은 없는지 꼼꼼하게 살펴보는 것도 잊지 않아야 하고요. 그리고 젖은 손으로 가전기기를 만지지 않도록 주의해야 하겠지요? 손에 물기가 남아 있으면 전기가 통하기 쉽기 때문이에요.

3-4. 웨어러블 만들기 기초

웨어러블 기기란 신체에 부착하여 컴퓨팅 행위를 할 수 있는 모든 전자기기를 지칭하는 것으로 스마트폰이나 태블릿과 무선으로 연동해 사용하는 안경이나 손목시계, 밴드형 기기를 일컫는 말입니다. 이 웨어러블 기기는 30년 전만 해도 드라마와 영화 속에서만 존재하는 가공의 아이템이었으나 점차 우리 실생활 속에 쉽게 사용되고 있는 소재가 되었습니다.

웨어러블 기기는 휴대하는 형태의 제품 및 액세서리, 패치와 같이 피부에 부착하거나 몸에 걸치는 의류 그리고 신체에 직접 이식하거나 복용하는 형태의 신체 부착/생체 이식 등에 활용될 수 있습니다. 사람의 몸에 부착하여 다양한 기능을 수행하는 스마트 웨어러블 디바이스를 만들기 위해서는 기존의 구리 도선으로는 한계가 있겠지요? 쉽게 휘어지거나 전기를 선택하여 흐르게 할 수 있게 하기 위한 여러 가지 방법들이 개발되고 있습니다. 가장 촉망받고 있는 소재는 그래핀으로 연필심의 재료인 흑연으로 만들어요. 흑연을 얇게, 아주 얇게 한 꺼풀 벗겨낸 것이 그래핀이랍니다. 그래핀은 탄소 구성물로 전기 전도성이 좋고 실리콘보다 100배 이상 전기가 잘 통하는 물질이랍니다. 이 그래핀에 대해서는 다음 번 책에서 좀 더 심도 깊게 다루도록 하고 지금은 일반인들도 쉽게 다룰 수 있는 전도성 물질에 대해 알아보려고 해요.

전도성 실

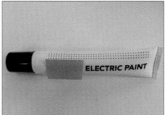
전도성 페인트

전도성 테이프

전도성 물질에는 천, 실, 페인트, 잉크, 알루미늄 박 등 다양한 소재가 있어요. 물론 전류가 흐르기 위해서는 전지와 같은 전원 장치가 있어야 하고 전기가 흐를 수 있는 도선이 있어야겠지요. 도선으로 쓸 수 있는 재료로 전에는 구리선을 주로 사용하였는데 요즘에는 천, 실, 페인트, 잉크, 연필, 테이프 등 다양한 재료를 활용하고 있어요.

전기 전자회로에서는 회로판 등에 납땜을 이용하여 연결하는 경우가 일반적이지요. 그러나 전선과 납땜 대신에 전도성 실, 전도성 테이프를 이용한 저항의 직렬 연결과 병렬 연결로 과학 실험 도구 및 제품들을 만들 수 있습니다. 전도성 실은 스테인리스 스틸 섬유로 의류에 전자제품을 장착할 때 활용할 수 있지요. 어두운 곳에서 빛이 나는 섬유를 개발해 자전거를 타거나 조깅할 때 입는 옷을 만들기도 했습니다. 또 스마트폰 터치 장갑 만들기 등에도 활용되었습니다. 손쉽게 필름만 벗겨서 사용할 수 있는 회로 스티커를 구입하여 활용하면 더 편리하게 회로를 연결할 수 있고 누를 때만 회로가 연결되어 빛이 들어오거나 센서를 감지하도록 조작할 수 있어요. 복잡한 장비나 프로그래밍 기술 없이 빛, 센서 감지 등을 이용하여 상호작용하는 물건들을 만들 수 있지요.

전기가 통하는 물체인 구리테이프 또는 전도성 실로 회로를 연결하여 재미있는 완구들을 만들어봅시다. 여러 가지 펠트지를 이용하니 다양한 모양으로 만들 수 있네요.

LED의 양 끝을 전지에 전도성 실로 연결하는데 그 실의 끝을 날개에 달았어요. 날개를 덮는 순간 불이 켜져요.

귀를 눈에 가져가면 LED의 끝에 전원이 연결되게 만들었어요.

별을 트리 위에 올려놓으면 LED에 전원이 연결되게 만들었어요.

3-5. 칼라점토를 이용한 전기회로 만들기

칼라점토를 이용한 전기회로 만들기도 재미있지요. 칼라점토는 전기가 흐를 수 있는 전해질로 되어 있고 종이 찰흙은 부도체입니다. 이를 이용하여 직렬과 병렬로 회로를 연결하여 불빛의 밝기를 다르게 할 수 있습니다. 재미있는 완구들을 만들어봅시다.

두 개의 칼라점토의 양쪽 끝에 LED를 꽂고, 칼라점토의 다른 끝에는 전지(9V 전지를 전기홀더 off 상태를 확인하여 넣어요.)에 연결하면 불이 켜지는 것을 볼 수 있습니다. 즉 칼라점토는 전기를 통하는 물질임을 알 수 있습니다. 칼라점토와 점토 사이에는 전기가 흐르지 않도록 부도체인 고무찰흙으로 넣어서 분리가 되도록 합니다.

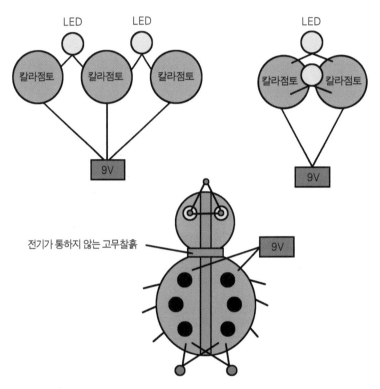

칼라점토는 전기를 통하고 고무찰흙은 전기를 통하지 않은 성질을 이용하여 무당벌레에 불이 들어오는 장치를 만들었어요.

칼라점토에 LED를 연결하면 불이 켜져요.

종이찰흙을 점토 사이에 넣어요.

나비모양을 만들어 불이 켜지게 해요.

3-6. 전기뱀장어의 전기 만들기

전기뱀장어는 전기로 물속에 있는 물체를 탐지하고, 먹이를 기절시키거나 다른 전기뱀장어에게 신호를 보냅니다. 크게는 무려 600~800V나 되는 전압을 생성한다고 합니다. 하지만 전기뱀장어는 전기에 감전되지 않습니다. 전기뱀장어는 높은 전압을 생성하면서도 어떻게 자기 스스로는 감전되지 않는 것일까요? 전기를 만들어 먹이를 잡아먹는 전기뱀장어를 통해 전압의 세기가 큰 전류를 흐르게 하는 방법에 대해 알아보도록 해요.

전기뱀장어는 전기 생산에 많은 유기질과 에너지를 소모하며, 높은 전위차를 만듭니다. 전기뱀장어의 전압은 세포의 내부와 외부에서의 이온 조성의 차이로 생깁니다. 세포의 내부와 외부에서는 이온의 조성에 큰 차이가 있습니다. 일반적으로 세포 내에는 칼륨 이온이 많은 데 비해 세포 외부에는 나트륨 이온(Na^+)이 많이 존재하고 있습니다. 그러나 보통 때는 세포막이 나트륨 이온보다도 칼륨 이온 쪽을 잘 통과시키는 성질이 있기 때문에 칼륨 이온은 막을 통해 세포막 바깥쪽으로 확산하려 합니다.

그 결과 세포 내의 양전하가 감소하여 세포막을 경계로 안쪽이 바깥쪽에 대해 음이 되는 것과 같은 전위차가 생깁니다. 이것을 막전위라 합니다. 그러나 신경이나 근육이 흥분하면 세포막의 성질이 변화해서 칼륨 이온에 대한 것보다도 나트륨 이온에 대해서 높은 투과성을 나타내게 됩니다. 그 때문에 나트륨 이온이 세포 내로 한꺼번에 유입하게 됩니다. 그 결과 세포 내부가 외부에 대해서 양의 전위차를 갖는 역전현상이 일어납니다. 전기뱀장어는 전기를 내보내거나 받아들이는 5000개의 전기판을 가지고 있어요.

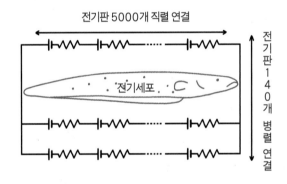

이러한 세포판의 전압은 그 연결 방법에 의해 큰 전압을 갖게 됩니다. 5000여 개의 전기판은 직렬구조이지만 140개의 전기판은 일반 동물과는 달리 여러 줄의 병렬구조를 이루고 있어요. 이런 140줄의 병렬구조가 전기세포로 분산하여 들어오는 전류를 감쇄시키지요. 일반 동물은 직렬구조이기 때문에 전류를 그대로 받게 됩니다. 전기는 흐르기 쉬운 쪽으로 흐르는 특성을 가지고 있는데 전기뱀장어는 이러한 병렬구조의 전기판을 이용, 자신이 내는 전류나 외부에서 받아들여지는 전류를 분산시켜 원래의 양보다 적게 받아들이게 됩니다. 또한 전기뱀장어의 두꺼운 지방질의 몸은 절연체 역할을 해줍니다.

전기뱀장어 안에는 이러한 발전기관이 한 곳에만 있지 않습니다. 몸 양쪽에 있는 세 쌍의 발전기관에서 전기를 발생시킵니다. 그중 가장 큰 발전기관 한 쌍은 길이가 거의 몸 길이와 비슷하며 그 아래에 작은 발전기관 두 쌍이 있습니다. 각 발전기관은 근육세포가 변해서 된 전극 판이 몇 천 개나 모인 것입니다. 전극 판은 일반 근육세포와 달리 수축할 수 없습니다. 각 전극 판이 신경으로부터 자극을 받아 발생하는 전기의 양은 적으나, 모든 전극 판에서 발생한 전기를 합하면 350~850V 정도가 되는 것이지요. 우리가 보통 쓰는 1.5V 건전지 300~400개가 만들어내는 전기 에너지를 생산한다는 것이지요. 이것은 사람을 놀라게 하고 작은 물고기를 죽이기에 충분합니다.

순식간에 강력한 양전기를 내놓아 800V나 되는 많은 전류를 내놓습니다.

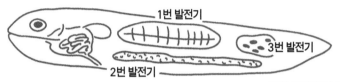

1번 발전기의 방전으로부터 몸을 보호하기 위한 약한 음전기를 내놓습니다.   약한 양전기를 내놓아 먹이를 찾습니다.

3-7. 연필심을 이용한 저항 및 전해도 측정기기 만들기

저항의 연결에 따라 전압과 전류의 크기가 달라진다는 것을 쉽게 알아볼 수 있을까요? 저항, 전압계 등을 좀 쉽게 받아들일 수 있는 방법을 찾아봅시다.

연필의 종류와 전해질의 종류에 따라 저항이 달라집니다. 이를 이용, 저항과 전압의 관계를 알아볼 수 있습니다. 과학사 사이트를 검색하면 간이전도계가 있지만 세밀한 변화를 알아보기도 어렵고 가격도 비싸서 쉽게 실험하기 쉽지 않기 때문입니다.

디지털 전압측정기, LED, 멜로디ic, HB, B, 2B, 4B 연필, 여러 가지 액체, 스포이트 들을 준비합니다. 그리고 A4 용지 위에 HB, B, 2B, 4B 연필로 다양한 저항체를 만들어 3cm, 6cm, 10cm 떨어진 점에서의 전압을 측정, 저항의 길이에 따라 저항이 달라지며 전압이 달라짐을 알아봅니다. 또한 연필의 종류, 물질의 종류에 따라 저항이 달라짐을 알 수 있어요.

자세한 실험을 하기 전에 연필심이 전류를 통하는 정도를 알아보기 위해 멜로디키트나 LED를 연결하여 소리나 빛의 세기를 조사해봅시다.

이때 전압은 같은 전압을 흐르게 하는 상태에서 연필로 그린 길이에 따라 전류의 세기가 같은지 알아보아요. 저항이 달라지면서 소리의 세기가 달라지네요. 디지털전압, 전류계를 이용하여 수치를 조사해보면 더 쉽게 그 변화를 알 수 있어요.

같은 전지로 연결할 때, 연필로 그린 길이가 길수록 저항이 커져서 전류의 세기는 작아져요.

도체의 종류, 두께에 따라서도 저항과 전류의 세기가 달라지는지 알아봅시다.

4B, HB 연필을 1mm, 10mm 두께로 변화시켜 그은 선과 알루미늄호일을 준비해요. 4B 연필을 5cm 그은 선도 두 조각 준비합니다. 연필로 그은 저항선으로 저항의 직렬 연결과 병렬 연결 시의 저항값에 대해서도 실험해볼 수 있어요. 이때 전압의 크기는 같게 합니다.

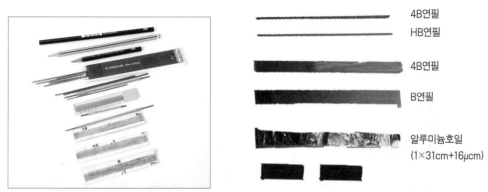

1. A4용지 위에 HB, B, 2B, 4B 연필을 칠해 다양한 저항체가 되도록 줄을 그어요.

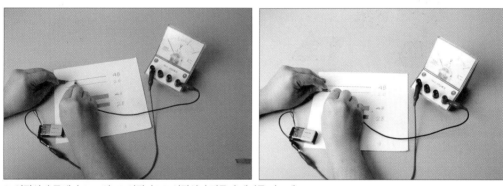

2. 연필심의 두께가 1mm인 4B 연필과 HB 연필심의 전류의 세기를 비교해요.

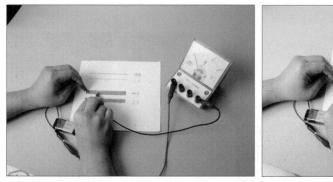
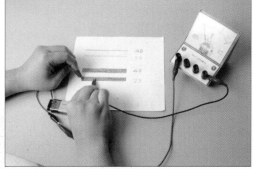

3. 연필심의 두께가 10mm인 4B 연필과 HB 연필심의 전류의 세기를 비교해요.

탐구 결과 무엇을 알 수 있을까요?

연필심의 칠이 진할수록, 길이가 짧을수록, 두께가 굵을수록 전압이 높음을 쉽게 관찰할 수 있습니다. 연필심 저항의 변화에 따라 다양한 소리를 낼 수 있어 재미있는 연주도 할 수 있습니다.

저항을 연결하는 방법에 따라 전압과 전류의 크기는 어떻게 변화할까요?

두꺼운 도화지에 4B 연필로 칠하여 저항을 만듭니다. 그것을 이용하여 저항을 병렬 연결 및 직렬 연결할 때 전압, 전류의 크기를 구할 수 있어요. 저항이 병렬로 연결될수록 전체 저항은 작아지고 전압이 일정할 때 전류는 커지게 됩니다.

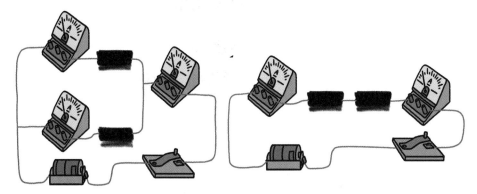

저항을 직렬 연결할 때의 전류 값을 구합니다.
각각의 전류가 다 같음을 알 수 있습니다.

저항을 병렬 연결할 때의 전류 값을 구해요.
각각의 전류의 합이 전체 전류의 합과 같음을 알 수 있습니다.

연필심이 전기를 통하는 성질을 이용하여 도선을 만들어 다양한 그림을 만들 수 있어요. 연필심으로 그린 그림이 도선이 되어 LED에 불이 켜지거나 멜로디 키트에서 소리가 나게 하는 활동을 해봐요.

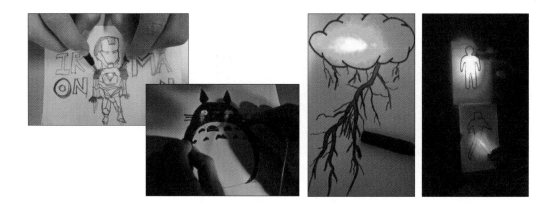

■ 전류가 흐르는 조건에 대한 실험 시 질문하기

전구에 잘 연결된 회로에서 전류가 흐르게 하기 위해서는 어떤 조건이 필요할까요?

1. 도선(또는 알루미늄호일)을 건전지의 양 끝에 연결하면 어떻게 될까요?

2. 꼬마전구의 걸쇠 부분에 쇼트시킨 경우에 전구에 불이 들어올까요?

3. 꼬마전구를 직렬 연결한 경우에 불이 밝아질까요? 한쪽에만 들어오는 건 어떤 경우가 있을까요?

4. 건전지에 연결하여 불이 켜진 경우에 두 도선이 접지가 되었다면 어떻게 될까요?

5. 가정에서 사용하는 가전제품들은 어떤 연결로 되어 있을까요?

■ 전도성 천, 실, 칼라점토 등으로 회로 실험을 할 때 질문하기

1. 감전된다는 것은 어떤 상태를 말하는 것인지 그 조건을 알아봅시다.

2. 전도성 천, 실, 페인트, 잉크 등의 다양한 재료들로 할 수 있는 것들을 알아봅시다.

3. 칼라점토와 종이 찰흙의 두 가지 재료를 쓰는 이유는 무엇일까요? 전류가 흐르기 위한 조건으로 설명해봅시다.

4. 점토를 직렬 또는 병렬로 구성하였을 때 전구 밝기가 같은가요?

5. 전기뱀장어가 물속에 있는 물체를 탐지하고 먹이를 기절시킬 때는 높은 전압을 생성하면서도 자기 스스로는 감전되지 않는 이유는 무엇일까요?

4장 전기의 쌍둥이, 자석

자기력이 뭘까요? 자기력은 자석과 철, 자석과 자석 사이의 힘처럼 직접 접촉하지 않아도 작용하는 힘으로 우리 생활 속에서 다양하게 이용되고 있습니다. 자석의 종류는 다음과 같이 사용하는 곳에 따라 다양하게 많은 형태가 있어요.

네오듐 자석은 가장 강력한 자력을 가졌어요. 그러나 사용할 수 있는 온도는 60~80℃밖에 안 돼요.

막대자석

말굽자석

페라이트는 자기력은 3배 정도 약하지만 500℃의 높은 온도까지 사용할 수 있어요. 원형, 사각, 링 형과 다양한 사이즈로 제작해요.

자석으로 자유롭게 움직일 수 있는 마그네틱 씽킹 퍼티예요.

냉장고 같은 곳에 붙여놓는 병따개나 광고물, 신용카드, 못 고정대와 같은 작은 일상용품에서 자기부상 열차 같은 거대한 도구들까지 자기력이 다양하게 이용되고 있음을 알 수 있어요.

자석을 비디오테이프에 가까이 하면 달라붙는 것을 볼 수 있어요.

허전한 냉장고 앞면을 꾸며주거나, 메모지나 사진 등을 부착하기 위해 필요한 냉장고 자석을 만들 수 있어요.

철 가루를 카드 위에 뿌린 후 털어내고 그 위에 투명테이프를 붙였다 떼면 다른 굵기의 선이 나타나는 것도 볼 수 있어요. 각 라인들에 자기력이 있다는 것을 알 수 있어요.

냉장고 부착 자석

재활용품 분리장치를 이용해서 쇠를 분리할 수 있어요.

4-1. 자기력을 이용한 장난감 만들기

자기력은 전기력과 같이 같은 극끼리는 밀어내고 다른 극끼리는 끌어당기는 두 가지 힘이 작용합니다. 이 성질을 이용해 재미있는 장난감을 만들 수 있습니다. 네오듐 자석이나 막대자석들은 구부리거나 변형시키는 것이 어렵지요. 쉽게 구부리거나 변형시키기 위해 고무자석을 많이 활용합니다. 광고전단지나 냉장고 자석 뒤쪽에도 고무자석이 붙어 있습니다.

고무자석은 어떻게 만들어졌을까요?

영구자석을 곱게 가루를 내어 고무원료와 같이 배합을 합니다. 이때는 자석의 극이 배열되어 있지 않아요. 자석의 성질이 없으나 굳기 전에 강한 자석을 갖다 대어 자석의 극을 배열시키면 고무자석이 된답니다. 고무 대신에 자석 가루를 풀과 함께 섞어 그림이나 장식에 칠하게 되면 냉장고나 철로 된 칠판에 붙는 물건도 만들 수 있습니다.

고무 원료와 가루 자석을 골고루 섞어요.

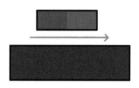

강력자석을 갖다 대면 가루자석의 극을 고루 배열시켜 굳혀요.

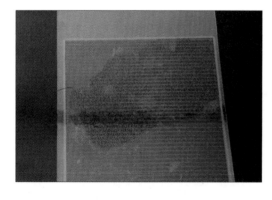

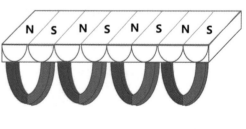

우리 집 냉장고에 붙어 있는 광고용 스티커. 그 스티커에는 고무자석이 있어요.

고무자석 위에 자기장뷰어필름을 놓으면 줄무늬를 볼 수 있어요. 이로부터 고무자석판 위에서는 한 줄씩, N극과 S극이 교대로 배열되어 있는 것을 알 수 있습니다.

같은 극끼리는 밀치는 척력이 작용하고 다른 극끼리는 당기는 인력이 작용하게 되지요. 그런데 수직으로 방향을 바꾼다면 같은 극끼리 만나게 되므로 척력만 작용하여 약간 뜬 상태에서 당겨지게 될 것입니다. 이 성질을 이용하여 고무자석의 일부분을 위에서 잡아당기면 밀치고 당기는 힘이 작용하여 팔짝팔짝 뛰는 것처럼 보이는 것입니다. 이 고무자석을 이용하여 재미있는 실험을 해봐요. 토끼, 문어, 개구리 그림 아래에 고무자석을 붙이고 또 다른 고무자석 판 위에서 잡아당기면 척력과 인력이 교대로 작용하여 팔짝팔짝 뛰게 되는 것입니다.

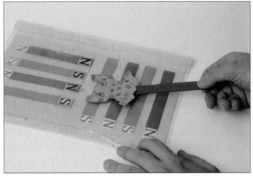

이번에는 둥근 자석으로 자기력의 척력과 인력에 의해 돌아가는 팽이를 만들어 보도록 합시다. 이 놀이를 위해서는 둥근 바닥 컵, 두꺼운 종이, 가위, 둥근 자석 4개, 양면테이프, 나무막대를 준비합니다.

우선 둥근 바닥 컵의 바닥에 양면테이프를 이용하여 자석 2개를 붙여요. 그리고 그 위에는 재미있는 그림을 붙입니다. 그다음 나무막대 위아래로 자석을 붙이고 자석팽이 가까이 가져가봅니다. 나무막대의 자석의 방향에 따라 팽이가 돌아가는 방향이 같은지 알아보는 시간을 갖도록 합니다.

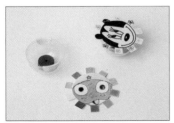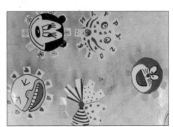

생활 속에서 자기력은 많이 쓰이는데, 고무자석의 성질은 마그네틱 네일아트에도 쓰여요. 매니큐어에 자성입자가 들어 있어 매니큐어를 바르고 마르기 전 자석을 손톱 위에 대면 자성입자가 독특한 무늬를 나타내는 것입니다. 한두 번 덧발라주면 더욱 또렷한 무늬를 만들 수 있습니다.

이외에도 자연스러운 균열을 이용한 크랙 네일 기법도 있습니다. 철가루가 들어 있는 마그네틱 폴리쉬(매니큐어의 형태)를 손톱에 바르고 그 위에 마그네트와 어플리케이터를 문지르면 멋진 무늬가 만들어지는 형태예요.

마그네트(자석)　어플리케이터

마음에 드는 색깔의 마그네틱 폴리쉬를 손톱에 발라주어요.

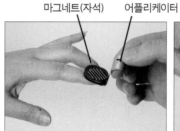

마그네틱 폴리쉬를 바른 위에 마그네트를 올려놓으면 자기력선에 의한 무늬가 나타나요.

컬러가 굳으면 무늬가 나타나지 않으므로 예쁜 무늬가 나타나도록 한 손가락씩 합니다.

4-2. 원할 때만 자석 만들기

자석에 철이 붙는 이유는 무엇일까요? 철에도 자석의 성질이 있는 것일까요? 철에는 다른 물질과 다르게 자석의 성질을 띠는 작은 입자들이 모여 있지요. 평소에는 철 입자 하나하나가 서로 다른 방향을 가리키면서 제멋대로 흐트러져 있습니다. 그래서 철끼리 가까이 가져가도 서로 끌어당기거나 밀 수가 없어요. 하지만 자석을 철 가까이 가져가면 철 입자들이 자석의 힘 때문에 서로 같은 방향을 가리키도록 조금씩 움직여요. 입자들이 같은 방향을 가리키면 철 입자들이 움직이는 방향은 가까이 가져간 자석의 극과 반대이기 때문에 철이 자석에 끌려오는 것입니다. 바늘에 자석을 문지르면 자석이 되는 이유도 이와 같은 것입니다. 자석의 성질을 이용하면 위와 같이 내가 원할 때만 자석이 되게 하는 마술을 할 수 있겠지요?

장갑 속에는 네오듐 자석을, 필름통에는 고무자석을 잘게 잘라 넣어둡니다. 잘게 자른 고무자석이 든 필름통을 클립 가까이 대보아요. 클립이 달라붙지 않음을 볼 수 있지요.

"자석이 되어라!" 하고 주문을 외치며 자석이 든 손을 고무자석이 든 필름통에 가까이 하면 자화가 됩니다. 자화가 된 고무자석이 든 필름통을 클립에 가까이 가져가면 어떻게 될까요? 클립을 끌어당기는 것을 볼 수 있지요.

자른 고무자석들은 무질서해요. 그래서 자기력을 갖지 못해요.

자석으로 자화를 해주면 고무자석들이 자기력을 갖게 되어요.

4-3. 자기력이 만들어지는 원리는?

자석은 아무리 작게 자르더라도 극은 변하지 않고 언제나 2개입니다. 고무자석도 마찬가지로 아무리 잘게 자르더라도 극이 2개인 것은 변함이 없습니다. 하지만 잘게 자른 자석을 한데 모아 두면 N극과 S극이 마구 섞여 있어서 자석의 힘을 발휘할 수 없습니다. 이때 힘이 센 자석으로 고무자석 조각을 문지르면 N극과 S극이 한 방향으로 나열이 되기 때문에 자석의 성질이 강해져서, 클립을 끌어당길 수 있게 됩니다.

같은 현상을 바늘을 이용해서 알아볼 수 있어요. 바늘이나 클립처럼 쇠로 만든 물체에 나침반을 가져가면 바늘이 움직이지 않아요. 그런데 자석에 문지른 바늘을 나침반에 가져가면 바늘이 움직여요. 왜 같은 바늘인데 어떤 바늘은 나침반의 바늘을 움직이게 하고 어떤 바늘에는 반응을 하지 않는 것일까요? 자석에 문지르면 바늘이나 클립이 자석이 되는 것입니다. 처음에는 각기 다른 방향으로 돌고 있던 클립 속의 전자가 자석을 문지름에 따라 배열이 바뀌는 것이지요. 즉, 자석이란 전자가 돌아가는 방향이 일정한 물질로 전자가 일정하게 흐르게 하면 자기력이 생기는 것입니다.

※ 왜 같은 바늘인데 어떤 바늘은 나침반의 바늘을 움직이게 하고 어떤 바늘에는 반응을 하지 않는 것일까요?

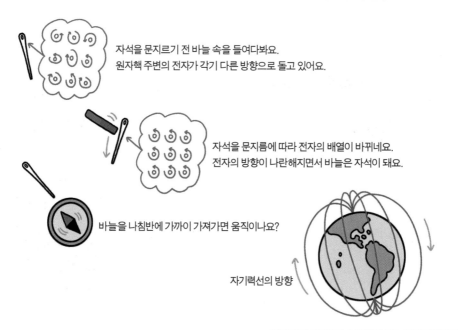

자석을 문지르기 전 바늘 속을 들여다봐요.
원자핵 주변의 전자가 각기 다른 방향으로 돌고 있어요.

자석을 문지름에 따라 전자의 배열이 바뀌네요.
전자의 방향이 나란해지면서 바늘은 자석이 돼요.

바늘을 나침반에 가까이 가져가면 움직이나요?

자기력선의 방향

지구도 자석이에요. 나침반의 바늘을 끌어당기지요.

4-4. 전류가 만드는 자기장

자석이 된 바늘로 나침반의 바늘을 움직이게 한다는 것을 알았습니다. 전류에 의한 자기력을 체험해보아요. 전류가 만드는 자기장에 대한 실험은 1820년에 외르스테드가 했었어요. 외르스테드는 번개가 칠 때, 나침반이 움직이는 것을 보고 나침반 위에 전선을 놓고 전류를 흘려 주었답니다. 그랬더니 나침반 바늘이 움직이는 것이었어요.

전류에 의해 만들어지는 자석을 전자석이라고 합니다. 전자석은 보통 못과 코일을 가지고 만듭니다. 전류가 흐르는 코일 하나만으로 만드는 자기장의 세기는 그리 크지 않습니다. 클립 1개를 들기도 어렵습니다. 그런데 쇠못을 두고 같은 방향으로 전류가 흐르도록 코일을 여러 번 감아주고 전류를 흐르게 하면 센 자석이 만들어집니다. 전류가 흐르게 하기 위해서는 건전지가 필요하겠지요? 전류가 흐르게 하는 에너지라는 것을 앞에서 이야기했습니다. 이때 안에 넣은 쇠의 종류에 따라 전자석의 세기가 달라지곤 합니다. 못 대신에 쇠로 된 물체인 드라이버나 송곳을 사용할 수 있어요. 그리고 코일 대신 쉽게 감고 풀 수 있는 전기 도선을 이용하여도 편리합니다.

전류가 흐르면 자기장이 생기는 이유는 무엇일까요? 앞에서 자석도 원자로 구성되어 있다는 것을 알아보았지요. 원자 안에 있는 전자는 원 궤도를 그리면서 원자핵 주위를 돕니다. 또한 전자 자신의 축을 중심으로도 회전운동을 하고 있습니다. 이 회전운동들이 자석의 자기장을 만듭니다. 자석의 자기장을 포함하여 모든 자기장은 전류에 의해 생성되는 것입니다.

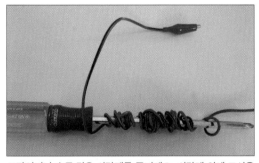

드라이버나 송곳 같은 쇠막대를 준비해요. 쇠막대 위에 도선을 감아요. 많이 감을수록 촘촘히 감을수록 자기력이 커져요.

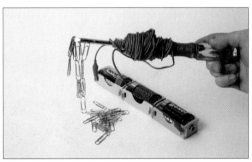

도선의 양 끝에 전원을 연결하면 자석이 되어요. 클립이 붙는 것을 볼 수 있어요.

4-5. 저항 없는 꿈의 전기, 초전도체

자석끼리 밀어내는 힘에 의해 떠서 달리는 자기부상열차. 레일 위를 떠서 달리기에 속도가 아주 빠르겠지요? 자기부상열차를 실현하기 위해서는 센 전류를 싼 값에 흐를 수 있게 하는 방법이 필요합니다.

저항이 없이 전류가 많이 흐르게 할 수 있는 물질에는 초전도체가 있어요. 초전도체를 이용하면 힘이 센 자석으로 만들 수 있지요. 자석의 힘을 세게 하기 위해서는 전류를 많이 흐르게 하여야 하는데 이를 위한 연구가 계속되고 있어요. 지금 개발된 초전도체는 온도가 아주 낮아야만 전류를 많이 흐르게 할 수 있기 때문에 기차가 떠서 달릴 정도가 되려면 돈이 많이 들어요. 점차 연구해서 보통 온도에서도 초전도체가 될 수 있는 물질을 개발하면 좋겠지요?

초전도체가 뭘까요? 전기 저항이 거의 제로가 되어 전압이 없어도 전기는 계속 흐르는 초전도 현상을 갖는 물질입니다. 이때 초전도 현상이 나타나는 온도를 임계온도라고 합니다. 1911년 네덜란드의 과학자 온네스(1853~1926)가 절대온도 4.2K(-268.8°C)의 극저온 상태에서 수은의 저항이 완전히 0이 되는 현상을 발견했습니다. 그 이후로 계속 연구하여 1987년, 약 20배나 높은 온도에서 초전도현상을 보이는 고온 초전도체 물질을 발견했습니다. 초전도체는 아직 상용화되기에는 어려움이 있으나 미래의 우리 생활을 바꿀 만한 획기적인 발견으로 계속 연구할 가치가 있습니다.

액체질소에 냉각된 초전도체를 자기장 위에 올려놓으면 아래 그림과 같이 자석 위에 떠 있는 마이스너 현상을 볼 수 있습니다. 그리고 온도가 높아지면 초전도성을 잃어버려 천천히 가라앉아요.

초전도체를 액체질소에서 냉각시켜요.

냉각된 초전도체를 자석 위에 올려놓아요. 공중에 떠 있던 초전도체가 온도가 올라감에 따라 점점 아래로 가라앉아요.

초전도성을 계속 갖게 하기 위해서 투명 컵에 액체질소를 넣은 상태에서 실험을 합니다. 스티로폼에 컵이 들어갈 수 있는 구멍을 뚫어 그곳에 초전도체를 넣은 컵을 끼운 후, 초전도체와 네오듐 자석 사이에 자를 놓아 공간을 띄운 상태에서 냉각시키면 초전도성을 띠면서 자석을 중간에 떠 있게 합니다.

자석이 떠서 돌아가게 되면 마찰이 없으므로 쉽게 자기력의 변화를 갖게 할 수 있습니다. 이 자기력의 변화로 유도되는 전류를 만들 수 있고요. 컵 아래의 자석 크기에 따라 유도되는 전류의 크기가 달라지겠지요.

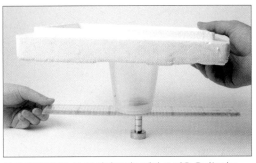

자석 위에 자를 놓고 그 위에 초전도체가 든 컵을 올려놓아요.
액체질소를 부어 초전도체를 냉각시킵니다.

컵 아래에 있는 자석이 떨어지지 않고 있어요. 자석의 크기, 면적을 바꾸어보면서 자석을 돌려봐요.

〈초전도성을 계속해서 유지할 수 있는 장치 만드는 방법〉

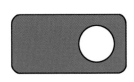  

스티로폼 컵에 들어갈 구멍을 뚫고 그 구멍에 투명 컵을 넣습니다.

자석 위에 플라스틱 자를 놓고 그 위에 컵을 올려놓습니다.

컵 안에 액체질소를 넣어 초전도체가 되었을 때 자를 뺍니다. 자석이 중간에 마이스너 효과에 의해 떠 있는 것을 볼 수 있습니다.

초전도체를 이용한 실험을 하려면 액체질소가 −196℃(77k)이므로 동상에 유의해야 합니다. 스티로폼에 구멍을 뚫어 투명 컵을 넣어서 사용하면 편리합니다. 투명 컵 안의 초전도체가 온도가 낮아지면 자석을 뜨게 할 수 있지요. 자석 위에 떠 있는 초전도현상에서 빠른 속도로 달리는 자기부상열차의 원리를 이해할 수 있습니다.

마이스너 효과에 의해 생성되는 자기력은 크기 때문에 무거운 열차까지도 뜨게 할 수 있습니다. 기차가 떠서 달리는 자기부상열차의 모형을 보여주는 활동도 재미있습니다.

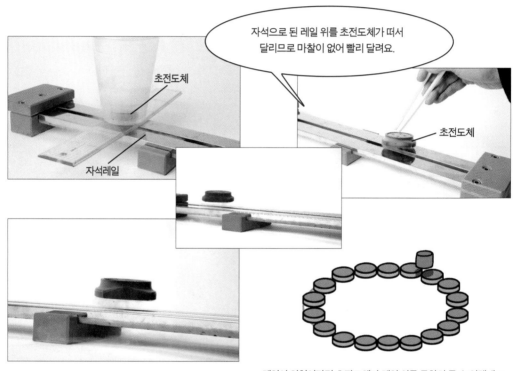

자석으로 된 레일 위를 초전도체가 떠서 달리므로 마찰이 없어 빨리 달려요.

초전도체

초전도체

자석레일

레일이 원형이라면 초전도체가 레일 위를 무한히 돌 수 있겠네요.

초전도체를 냉각하는 방법은 두 가지가 있어요. 자장이 존재하는 상태에서 냉각시키는 방법(자력냉각)과 자장이 존재하지 않는 상태에서 냉각시키는 방법(무자력냉각)입니다.

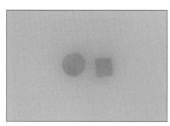
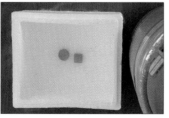

무자력냉각 초전도체를 자석 없이 냉각   **자력냉각** 초전도체를 자석 위에서 냉각

무자력냉각이란 초전도체를 자석 없이 액체질소만으로 냉각시키는 것으로 초전도체는 100% 완전 반자성이 됩니다. 다시 말해 100% 마이스너 상태가 되는데 오로지 영구자석의 자장을 배척하는 특성만 갖게 됩니다. 그래서 무자력냉각한 초전도체를 영구자석 위에 올려놓으면 마이스너 효과에 의해 부상하게 됩니다.

자력냉각의 경우, 영구자석 위에 초전도체를 올려놓으면 영구자석의 자기력이 초전도체 내에 쉽게 침투합니다. 이후에 액체질소를 부어서 초전도체를 냉각시키면 초전도 상태가 됩니다. 이때 상전도 상태에서 초전도 내부로 침투했던 자기력들은 초전도 내부에서 빠져나오지 못하고 잡혀 있게 돼요. 이와 더불어 초전도체는 자기력을 배척하는 마이스너 상태가 됩니다. 즉, 구속된 자력에 의한 자장과 초전도 특성인 마이스너 자장이 반대극성으로 공존하는 상태가 되는 것입니다. 그래서 이때의 초전도체는 영구자석을 밀치고 당기는 두 가지 특성을 갖게 되는 것입니다.

초전도현상을 일으키는 초전도체는 크게 두 부류로 구별되는데, 4.2K의 액체헬륨을 이용하여 초전도현상을 관찰할 수 있는 저온 초전도체, 77K의 액체질소를 이용하여 초전도현상을 관찰할 수 있는 고온 초전도체로 나뉘어요. 초전도가 일어나는 임계온도를 높이는 것이 현재의 과제인데요. 초전도 현상이 일어나는 온도를 측정하는 방법을 알아보기 위해 리드 스위치를 쓸 수 있어요. 리드 스위치는 한 쌍의 강자성 물질의 리드로 구성되며, 이 리드 스위치는 미세한 거리를 두고 나란히 포개진 상태로 유리관에 완전 밀폐되어 있습니다. 자석을 리드 스위치에 가까이 하면 리드는 반대극성으로 자화하여 서로 끌어당기게 되어 스위치가 켜지게 됩니다.

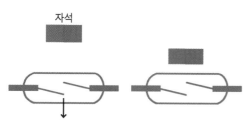
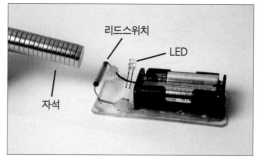

리드 스위치에 자석을 가까이 대면 LED에 불이 켜져요.

자석리드로 불이 켜지는 램프를 이용하여 초전도가 되는 온도(임계온도)를 예측할 수 있어요. 투명 아크릴 통으로 두 개의 칸을 만들어 한쪽에는 초전도체가 자기장을 띠어 불이 켜지는 것을 확인하는 장치, 다른 한쪽에는 초전도체를 넣습니다. 초전도체가 냉각되어 자기장을 띠게 되면 불이 켜지는데 이때의 온도가 임계온도입니다.

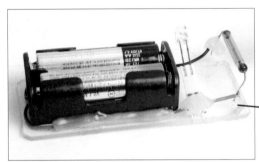

자기력이 작용하면 LED에 불이 켜지는 장치

아크릴로 두 개의 칸을 만들었어요. 한쪽은 리드 스위치와 LED를 연결한 장치를, 다른 쪽은 초전도체를 넣어요.

초전도체가 있는 쪽에 액체 질소를 넣습니다. 초전도체가 냉각되면 자기장을 띠면 불이 켜지게 됩니다.

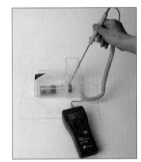

불이 켜지는 지점의 온도를 측정하는데
이 온도를 임계온도라 해요.

임계온도가 높아지는 초전도체, 즉 초전도 현상이 나타나는 실온 초전도체가 개발된다면 초전도체의 전력의 저장이 가능해지고, 막대한 전기 수송에 따른 손실도 없어지게 될 것입니다. 초전도 전자석으로 다양한 기기의 혁명이 일어나며, 리니어 모터카의 건설이 가능해져서 에너지 문제를 해결하게 될 것입니다. 초전도를 활용한 에너지 산업으로 공해가 발생하지 않는 환경 친화적 사회가 될 미래를 대비하는 것이 우리가 해야 할 일입니다.

■ 자기력의 이용에 대한 실험 시 질문하기

1. 자석이 실생활의 어디에 사용되고 있고, 어떤 점이 편리할까요?

2. 비디오테이프에 자석을 가까이 하면 들어 올려지고, 신용카드나 전철표에 철가루를 뿌리면 라인에 따라 달라붙는 것이 의미하는 것은 무엇일까요?

3. 고무자석 위에 자기장 뷰어를 놓고 보면 자기력선의 배열은 어떻게 나타날까요?

4. 고무자석 판 위에 고무자석이 붙은 물체를 잡아당기면 톡톡 튀나요? 그 이유는 무엇일까요? 잡아당긴 방향과 수직으로 당겨봅시다. 똑같이 톡톡 튀나요?

5. 자석팽이의 왼쪽에 자석 막대를 갖다 대면 어느 쪽으로 회전하나요? 자석팽이가 방향을 바꾸면서 회전할 수 있는 원리는 무엇일까요?

6. 마그네틱 매니큐어를 바른 후, 고무자석을 가까이 가져가면 어떤 현상이 나타나나요? 더 선명한 줄무늬를 얻으려면 어떤 주의점이 필요할까요?

■ 전도성 천, 실, 칼라점토 등으로 회로 실험을 할 때 질문하기

1. 장갑 속에 넣어둔 고무자석으로 클립을 끌어당길 수 없었는데, '자석이 되라'라고 주문을 욀 때, 어떤 과정을 통해 자석을 만들 수 있었나요?

2. 어떤 바늘은 나침반의 바늘을 움직일 수 없고, 또 어떤 바늘은 나침반의 바늘을 움직일 수 있을까요?

3. 드라이버에 감은 도선으로 클립을 많이 끌어올릴 수 있었나요? 어떤 조건이 필요할까요?

4. 초전도체에 의해 저항이 없어진다면 실생활에 어떤 영향을 미칠 수 있을까요?

5장 모터 만들기

우리는 전기를 이용하여 일상생활을 편하게 할 수 있어요. 전기의 힘에 의해 돌아가는 여러 가지 전기도구들을 볼 수 있지요. 세탁기, 선풍기 속의 날개가 돌아가게 하는 힘은 무엇일까요?

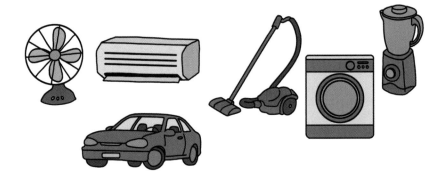

빙글빙글 돌아가는 전기기구 안에는 모터가 들어 있어요. 모터가 쓰이는 곳은 무척 많아요. 자동차 변속기, 청소기, 세탁기, 믹서 등 가전제품을 비롯하여 완구, 자동차 등에서 전기에너지를 운동 에너지로 바꾸어주는 역할을 합니다. 모터에는 어떤 것이 들어 있어 물체를 돌아가게 하는 것일까요? 선풍기 속의 모터를 뜯어 보았어요. 자석이 들어 있고 코일이 있군요. 자석이 작용하는 공간을 자기장이라 하는데 자기장 안에 전류가 흘러가게 되면 힘을 받게 돼요. 이것을 전자기력이라 합니다.

본 장에서는 여러 가지 모터 만들기를 통해 전자기력의 힘을 체험해 보아요. 전자기력의 세기는 무엇과 관계가 있을까요? 네. 자기장의 세기가 클수록, 전류의 세기가 클수록 전자기력이 커집니다. 그리고 전류가 지나는 도선의 길이, 방향과 관계가 있겠지요.

5-1. 생활 속에서 모터의 사용

모터 속을 들여다보면 자석과 코일이 있는 것을 볼 수 있어요. 자석이 만드는 자기장 속에서 전류가 흐르는 도선은 힘을 받아요. 전류가 만드는 자기장과 자석이 만드는 자기장 사이에 힘이 생기는 것이지요. 이 힘을 전자기력이라고 하는데 그 방향은 아래 그림과 같습니다. 그 돌아가는 끝에 팬을 달면 선풍기가 되고, 칼을 달면 믹서가 되는 것이군요.

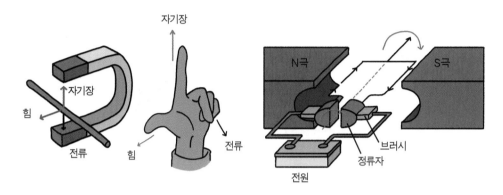

전자기력으로 돌아가는 모터는 여러 가지 형태가 있어요. 자동차 바퀴를 회전하게 하는 기계, 완구, 전자기기 등 용도와 특성에 따라 크기는 물론 구동 방식 등 특성도 다양합니다. 선풍기와 에어컨의 구동 방식이 다른 만큼 적용되는 모터 방식도 다르지요. 크기 또한 몇 층짜리 집 크기의 발전기인 선박용 모터가 있는가 하면 크기 4mm의 진동모터까지 다양합니다.

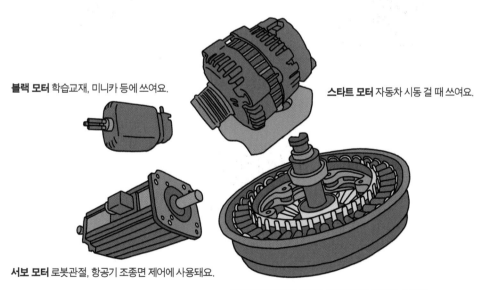

블랙 모터 학습교재, 미니카 등에 쓰여요.

스타트 모터 자동차 시동 걸 때 쓰여요.

서보 모터 로봇관절, 항공기 조종면 제어에 사용돼요.

인버터 모터 회전속도를 자유자재로 조절할 수 있어 강한 힘이 필요하거나 섬세한 동작이 필요한 경우에 사용합니다.

5-2. 모터의 출력 방법

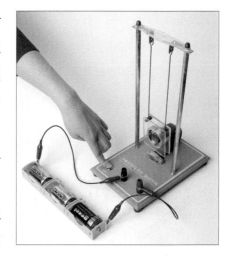

자기장 속에서 전류가 흐르는 도선은 전자기력을 갖습니다. 그 전자기력의 세기는 무엇과 관계가 있을까요? 네. 자기장의 세기, 전류의 세기 그리고 전류가 지나는 도선의 길이와 방향과 관계가 있겠지요. 전자기력에 의한 회전출력 방법을 알아봐요.

우선 모터의 안을 보면 자석 안에는 정류자가 돌아갑니다. 정류자는 금속이 절연체의 양쪽에 붙어 있는 것으로 회전축이 반 바퀴 돌 때마다 코일에 흐르는 전류의 방향을 바꾸어줍니다. 정류자에 의해 코일이 같은 방향으로 계속 회전할 수 있도록 해요. 전류가 브러시, 정류자, 전기자 코일을 통과하게 되면서 계자철심에는 강력한 자력선이 생기게 되므로 플레밍의 왼손법칙에서 전자력의 방향대로 전기자가 회전하는 것입니다.

전자석의 N극과 전기자의 S극, 전자석의 S극과 전기자의 N극 사이에는 서로 당기는 힘이 작용, 전기자는 화살표 방향으로 움직이게 됩니다.

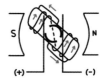

자석의 N극에 가까운 쪽에 N극, 먼 쪽에 있는 부분에 S극이 생겨 전기자는 계속 같은 방향으로 회전합니다.

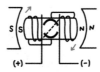

코일에는 전류가 흐르지 않아 전기자를 회전시키는 힘은 없어집니다. 그러나 전기자를 돌리던 관성력에 의해 전기자가 움직입니다.

모터의 종류와 특성은 우선 사용하는 전원에 따라 교류(AC) 모터와 직류(DC) 모터로 나눌 수 있습니다.

AC 모터   DC 모터

AC 모터는 교류 전원으로 운전되며, 생활 주변에서 가장 널리 쓰이는 전동기입니다. AC 모터의 용량은 수십 W의 소형에서 수백 KW의 대형까지 있으며 선풍기, 세탁기, 냉장고, 펌프, 크레인 등 가정과 산업 현장 전반에서 널리 사용되고 있어요. AC 모터는 구조가 간단해서 브러시나 정류자와 같은 기계 소모부가 없고, 고속에서 순간 최대 토크를 출력할 수 있어 작고 가볍게 만들 수 있다는 장점이 있어요. 그러나 DC 모터에 비해 제어 방법이 복잡하다는 단점이 있습니다.

반면 DC 모터는 직류전원으로 운전되는 것으로 모형 자동차, 무선 조종 장난감 등을 비롯하여 가장 널리 사용됩니다. 모형용 DC 모터(RE280)는 싸고 구동력도 커서 사용하기 쉽습니다. 또한 DC 모터는 회전 제어가 쉽고, 제어용 모터라서 휴대용 기기에 적용할 수 있는 반면 수명이 짧고 소음이 많이 나요.

AC 모터는 유도 방식과 동기 방식으로 나눕니다.

유도 모터는 코일에 유도전류를 일으켜 자력을 이용하는데요. 자력은 유도전류의 변화 값에 비례해 만들어지므로, 고정자에 한 차례 전류가 흘러가고 난 뒤에야 비로소 회전자에 전류가 흘러 회전이 일어납니다. '슬립'이라 불리는 시간차가 발생하므로 효율이 다소 낮은 편이지요. 동기 방식은 모터를 전자석 형태로 만들어 고정자가 회전자를 끌고 가는 방식으로 개발된 것입니다.

DC 모터는 구조는 단순하나 브러시와 정류자를 필요로 해요.

AC 모터

5-3. 회전하는 코일 만들기

빙글빙글 돌아가는 모터를 직접 만들어보면 전자기력을 쉽게 이해할 수 있습니다.

우선 기본적인 모터를 만들면서 그 원리를 알아보고 여러 가지 형태의 다른 전동기들도 만들어봐요. 코일, 클립, 지우개, 네오듐 자석, 건전지, 도선 등을 준비합니다.

우선 자기장 속에서 전류가 흐르는 도선을 만들어봅시다. 코일을 건전지에 감아 양 끝을 반은 벗기고 반은 벗기지 않도록 합니다. 클립을 이용하여 그 도선이 돌아갈 수 있는 지지 대를 만들어 양쪽에 세웁니다. 코일의 양 끝에 전원을 연결하여 전류를 흐르게 하면 그 코일은 힘을 받아 돌아가게 됩니다.

코일을 감아 양 끝을 반은 벗기고 반은 벗기지 않도록 합니다.

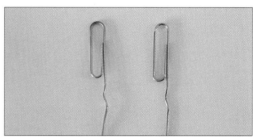
클립의 끝부분을 펴고 다른 한쪽은 코일을 걸 고리를 만들어요.

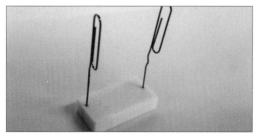
지우개 위에 영구자석을 붙이고 그 옆에 코일을 걸 수 있도록 양쪽에 꽂습니다.

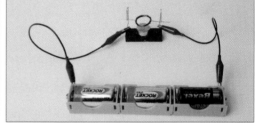
코일의 양 끝에 전지를 연결하여 전류가 흐르게 합니다. 자기장 위에서 코일에 전류가 흐르게 되면 돌아가는 것을 볼 수 있어요.

Q1. 코일의 끝을 반은 벗기고 반은 안 벗기는 이유가 무엇일까요?

코일의 끝을 반만 벗기지 않는다면 도선이 돌아간 후에는 전류의 방향이 달라지지요. 위로 올라간 코일은 모두 한 방향으로 돌아야 되겠지요?

Q2. 코일이 돌아가는 회전력과 관계 있는 조건에는 어떤 것들이 있을까요?

영구자석의 방향(자기장의 방향)을 바꾸거나, 전류의 방향을 바꾸면 전자기력의 방향이 바뀌게 되므로 코일의 회전 방향이 바뀝니다. 전자기력은 전류의 세기가 클수록, 즉 전압이 클수록, 자석의 힘이 클수록 커집니다. 그리고 전류의 방향과 자기장의 방향이 이루는 각도가 90°일 때 가장 큰 힘이 작용하게 됩니다.

5-4. 회전하는 못 만들기

이번에는 못, 건전지, 전선을 사용하여 간단한 모터 모형을 만들어봅시다.

회전시 돌아가는 모습을 알 수 있도록 못 양쪽에 종이를 테이프로 답니다. 그 못 머리에 영구자석을 달아 그 끝을 건전지에 붙입니다. 그리고 도선의 한 끝은 건전지에, 다른 한쪽 끝은 영구자석의 끝에 대면 돌아가는 것을 볼 수 있습니다.

그 힘을 이용해 돌아가는 여러 가지 전동기를 만들어봅시다. 예문으로 제시하는 형태뿐 아니라 자신이 원하는 형태를 선택해 자유로이 제작하고 각각의 전동기에서 전자기력의 방향을 알아보도록 합니다.

회전하는 것이 보이도록 종이나 예쁜 모양을 붙여요. 그리고 못 머리에 네오듐 자석을 붙입니다.

못에 전류가 흐를 수 있도록 못 끝에 건전지를 붙인 후 전선을 연결합니다.

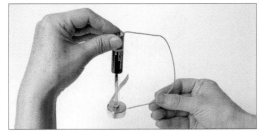
전선의 끝을 벗겨 자석에 수평으로 닿을 듯 말 듯하게 연결해요.

Q1. 건전지의 (+), (−) 방향을 바꾸거나 영구자석의 극성을 바꾸면 회전하는 방향은 변화할까요?

건전지의 (+), (−) 방향을 바꾸거나 영구자석의 극성을 바꾸면 전류, 자기장의 방향이 바뀌므로 전자기력의 방향이 바뀝니다.

Q2. 회전력을 크게 하려면 어떻게 해야 할까요?

회전력을 크게 하려면 자기력을 크게 하든지, 전압의 크기를 크게 해야 합니다. 이 경우에는 자기력의 크기를 크게 하기 어려운 것이 자기력이 클수록 중력의 크기도 크게 작용하게 되기 때문입니다.

5-5. 리니어모터 만들기

리니어모터는 직선상에서 움직이는 모터입니다. 회전모터를 일렬로 배열된 자석 사이에 위치한 코일에 전류가 흐르게 함으로써 힘을 얻는 형태지요. 그 힘으로 자동차 바퀴가 굴러가듯이 움직이는 물체를 만들 수 있습니다.

네오듐 자석 2개로 바퀴를 만들어 굴러가는 리니어모터를 만들어봅시다. 머리 잘린 못, 자석 2개, 도선, 건전지 등이 필요해요.

먼저 못 양쪽에 네오듐 자석 2개를 달아 바퀴를 만들어요. 그다음 알루미늄호일로 레일을 만들고 그 레일에 전류가 흐르도록 양 끝에 건전지를 연결합니다. 레일 위에 자석바퀴를 올려놓으면 전자기력에 의해 굴러가는 것을 볼 수 있습니다.

못을 축으로 하여 양쪽에 네오듐 자석을 붙여 바퀴를 만들어요.

알루미늄호일을 잘라 레일을 만들고 양 끝에 전지를 연결해요.

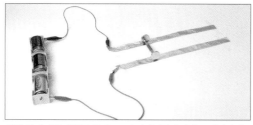
레일 위에 자석바퀴를 올려놓으면 전자기력에 의해 굴러갑니다.

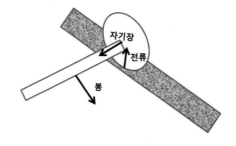

Q1. 바퀴자석을 붙이는 방법과 굴러가는 방향은 어떤 관계가 있을까요?

바퀴는 전자기력의 방향으로 움직이게 됩니다. 그림과 같이 각 자석에서 작용하는 전자기력의 방향이 같은 방향을 향하도록, 자석의 극이 같은 극끼리 서로 마주보도록 바퀴를 만들어야 합니다. 즉, 왼쪽 바퀴와 오른쪽 바퀴의 자석이 같은 방향을 향해야 하고 바퀴의 무게를 밀어낼 정도의 힘이 작용해야 합니다.

Q2. 전류의 방향과 바퀴자석이 굴러가는 방향은 어떤 관계가 있을까요?

전류의 방향이 바뀌면 굴러가는 방향이 바뀝니다. 이때 전류의 방향은 힘을 주는 점에서 생각해야 합니다. 즉, 자석바퀴와 봉이 붙어 있는 점에서 힘을 주는 방향을 생각해야 합니다. 봉의 가운데에서는 자기장의 방향과 전류의 방향이 평행이므로 힘이 작용하지 않습니다.

5-6. 회전하는 소금물

바닷속에서 잠수함이 추진력으로 쓰는 모터는 또 어떤 원리로 돌아갈까요? 바닷물 대신 전류가 통하는 소금물 속에서의 전자기력을 알아봅시다.

종이컵, 호일, 알루미늄 테이프, 소금, 건전지, 자석을 준비합니다.

종이컵의 윗부분을 자르고 안쪽에 알루미늄 테이프를 붙입니다. 그 컵 안에 못을 세우고 컵 아래에 영구자석을 붙입니다. 컵 안에 소금물을 넣어 못과 컵 안에 붙인 알루미늄호일에 연결하면 소금물이 회전하는 것을 볼 수 있습니다.

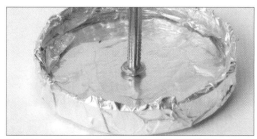

접시 안쪽에 은박테이프 또는 알루미늄호일을 붙입니다.

소금물을 넣은 접시를 자석 위에 올려놓고 접시 위에 못을 올려 놓습니다.

못과 호일 양쪽에 전류가 흐르게 하면 소금물이 돌아가는 것을 볼 수 있어요.

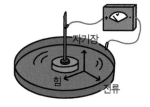

소금물이 시계 방향으로 도네요.

Q1. 소금물의 회전 방향과 관계 있는 요인은 무엇일까요?

소금물은 전해질로 전류가 흐르게 합니다. 그리고 소금물의 전하가 전류가 되어 흐를 때 컵 아래에 있는 자석에 의해 자기장을 받아 힘을 받습니다. 전류와 자기장의 방향과 항상 수직의 힘을 받게 되므로 원 운동을 하게 됩니다. 이때 자석을 붙인 방향이나 전류의 방향이 달라지면 회전하는 방향이 바뀌게 되지요.

Q2. 소금물의 농도가 달라지면 회전하는 속도가 어떻게 될까요?

소금물의 농도가 높아지면 전류의 속도가 빨라지는 효과가 나타나므로 회전하는 속도는 더 빨라집니다.

5-7. 돌아가는 필름 통

여러 가지 재료를 준비하기 어려워 간단한 모터를 만들고 싶을 때는 필름 통을 이용해봅시다. 도선 대신 길게 자른 알루미늄호일과 필름 통, 압정, 건전지만 있으면 돌아가는 필름 통을 만들어 볼 수 있어요.

길게 자른 알루미늄호일(2cm×14cm)을 필름 통의 위쪽 가운데에 압정으로 고정합니다. 필름 통을 호일로 얇게 싼 영구자석 위에 붙인 건전지 위에 올려놓으면 빙글빙글 돌아가는 것을 관찰할 수 있어요.

자석의 힘이 작용하는 곳(자기장)에 전류가 흐르는 도선이 있으면 수직으로 힘을 받아요. 이 힘의 크기는 건전지의 전압이 클수록, 자석의 힘이 셀수록 커져서 빨리 돌아요. 즉, 전류가 만드는 힘과 자석이 만드는 자기력이 커짐에 따라 전자기력이 커지는 것입니다.

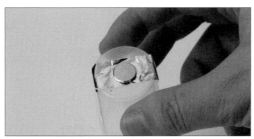

호일을 필름 통의 위쪽 가운데에 압정으로 고정하고 옆부분은 테이프로 고정해요.

자석을 호일로 싸고 그 위에 건전지를 놓아요.

호일로 고정된 필름통을 건전지 위에 놓습니다. 호일의 끝이 아래에 있는 건전지에 닿도록 하면 통이 돌아가요.

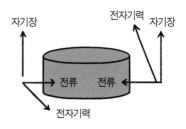

Q1. 자석의 방향을 바꾸면 필름 통이 돌아가는 방향이 달라질까요?

자석의 방향을 바꾸면 전자기력의 방향이 바뀌면서 돌아가는 방향이 바뀝니다.

Q2. 알루미늄호일의 길이, 폭에 따라 전자기력의 방향, 세기가 달라질까요?

호일의 길이, 폭을 변화시키면 저항 값이 변화하여 전류의 세기가 변화합니다. 즉, 돌아가는 방향은 변함이 없으나 세기가 달라집니다.

6장 전기를 만드는 원리, 전자기 유도

오늘날 우리는 많은 전기제품을 사용하고 있습니다. 잠시만 전기 공급이 끊겨도 거의 모든 활동이 멈추게 되어 우리 사회는 혼돈에 빠지게 될 것입니다. 우리 생활 속에서 전기 에너지를 빼고 생각할 수 있는 부분이 없을 정도가 된 것이지요. 전기 에너지는 어떻게 만드는 것일까요? 전기를 만드는 원리인 전자기 유도 원리를 탐구하고 좀 더 효과적인 발전 방법에 대해 알아보고자 합니다.

우리가 수동으로 전기를 만들 수 있는, 손발전기로 발전되는 과정을 알아볼까요?

발전기 안을 들여다보면 자기력이 작용하는 공간이 있고 그 안에서 코일이 돌아가게 되어 있어요. 코일이 돌아가거나, 자석을 돌려 자기장을 변화시키면 자기장의 변화를 방해하는 유도전류가 생기는 것을 볼 수 있습니다.

수력발전소, 화력발전소, 원자력발전소 등에서도 물체의 운동 에너지를 이용하여 도선 내부에 설치된 자석을 회전시켜 전기를 만들어내는데 이것을 우리는 발전이라고 부릅니다.

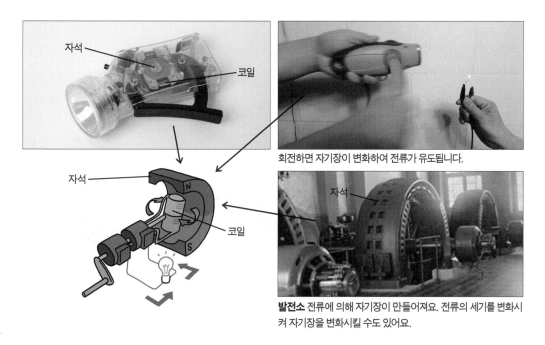

회전하면 자기장이 변화하여 전류가 유도됩니다.

발전소 전류에 의해 자기장이 만들어져요. 전류의 세기를 변화시켜 자기장을 변화시킬 수도 있어요.

6-1. 자기장을 변화시켜 전기 만들기

전류가 흐르면 자기장을 만드는 것처럼 자기장의 변화로 전류를 만들 수 있습니다. 자기장의 변화를 일으켜서 전류를 만들어내는 현상을 전자기 유도 현상이라고 해요. 학교에서는 솔레노이드를 이용해서 확인해보면 좋겠지요? 솔레노이드에 자석을 넣었다 빼면 전류계의 눈금이 움직입니다. 자석을 가까이 하거나 멀리 하면 그를 밀어내는 힘이 생겨요. 그러한 힘을 만들기 위한 유도전류를 측정해보았어요. 전류계의 눈금이 움직이는 것을 볼 수 있네요.

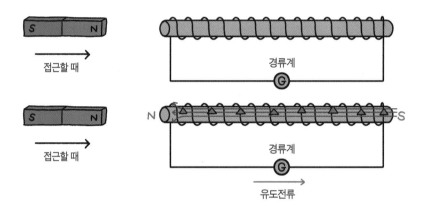

자기장을 변화시키면 전기가 만들어지는지 간이발전기 만들기를 통해 알아봐요.

투명한 OH 필름으로 비닐관을 만들어요. 그 비닐관의 가운데를 코일로 여러 번 감은 후 코일 양 끝에 LED를 연결합니다. 만들어진 비닐관 안에 자석을 넣고 비닐관의 양 끝을 막으면 간이발전기가 완성됩니다.

관을 흔들어 자석을 움직이면 LED의 불이 켜지는 것을 볼 수 있답니다.

비닐관에 도선을 촘촘히 많이 감을수록 자석의 세기가 크고, 빨리 흔들수록(자기장 변화가 클수록) LED 불빛의 세기가 커집니다.

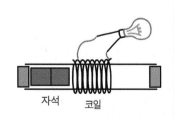

비닐관에 든 자석을 흔들면 LED의 불빛이 밝아집니다.

이번에는 모터 자체를 이용한 발전기를 만들어요. 전자기력을 이용해 모터를 만들지요. 그 모터 속에는 자기장이 있고 그 안에 도선이 있습니다. 이번에는 거꾸로 자기장을 변화시키기 위해 모터의 축을 돌리면 어떻게 될까요? 전류가 만들어지는 것을 보기 위해서 LED 전구를 연결합니다.

그리고 전동기의 양 끝에 LED를 연결하고 축에는 실의 끝을 테이프로 붙여 실을 감았다 풀리게 합니다. 실을 감았다가 푸는 순간 깜박하고 LED의 불이 켜지네요.

모터의 축을 돌리게 하는 끈

모터 축이 돌아가면 자기장의 변화가 있어 전류가 돌아가는 것을 볼 수 있어요. 모터의 축을 쉽게 돌릴 수 있는 방법을 생각해보았어요. 고무줄의 탄성력을 이용해볼까요? 고무줄을 왔다 갔다 할 때마다 불이 깜박깜박 켜지는 재미있는 장난감이 되겠네요. LED의 끝에 투명 빨대를 끼우고 광섬유를 넣어 만들면 더 재미있는 활동이 됩니다.

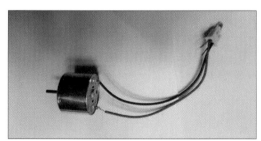

LED를 모터에 연결합니다.

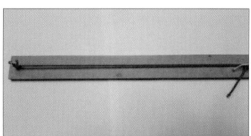

나무에 모터 축을 돌릴 고무줄을 고정시킵니다.

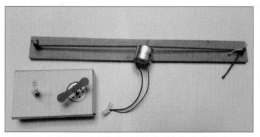

고무줄에 모터 축을 끼어 돌리면 탄성에 의해 축이 잘 돌아가요.

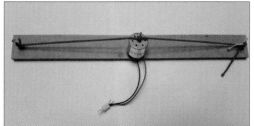

축에서 고무줄이 빠지지 않도록 하고 LED의 끝에 투명 빨대를 끼우고 광섬유를 넣어 장식할 수 있어요.

6-2. 놀이동산의 자이로드롭에서 만드는 전류?

하늘 위에서 뛰어내리면 느낌이 어떨까요?

놀이동산의 자이로드롭을 타고 느껴보셔요. 내려가기 위해 우선 올라갑니다. 쓰윽~ 자이로드롭은 전기모터에 의해서 레일을 따라 아파트 25층 높이인 약 70m 정도 올라가요. 여기에서 몇 초 동안 멈추었다가 호스트에 연결된 4개의 고리가 풀리면서 탑승의자는 아래로 떨어지지요. 이때 시속 94km의 무서운 속도로 35m 정도 떨어지는데 시간이 약 2.5초 정도 걸립니다. 아래로 내려올수록 속도가 더 빨라지지 않고 느려지다가 멈추게 됩니다. 어떤 원리로 이렇게 멈출 수 있을까요?

이 놀이기구는 처음에 중력가속도로 떨어져서 무중력 상태를 느끼게 해주다가, 바닥에 거의 내려와서 서서히 정지합니다. 자이로드롭이 정지하는 데는 와전류 제동 기법이 사용되지요. 와전류 제동이란, 자기장 내에서 도체가 움직일 때 도체 내부에 자기장의 변화를 방해하는 방향의 자기장을 생성하는 전류(와전류)가 발생하는 원리를 이용한 제동 기법이에요. 이는 마찰로 마모되는 부분이 없으므로 신뢰도가 높고, 유지 보수 비용이 적게 든다는 장점이 있습니다.

자이로드롭은 의자 뒤에 12개의 긴 말굽 모양 자석과 타워 중앙에 12개의 금속판을 각각 갖고 있는데, 이 두 물체는 지상 25m 높이에서 서로 만나게 됩니다. 이때 영구자석과 순간적으로 자석이 된 타워의 금속 사이에는 강한 반발력이 생기게 되고, 자이로드롭은 이 반발력에 의해 순간적으로 멈추게 되는 것입니다.

자이로드롭은 빠른 속도로 떨어지다가 자석이 내장된 의자에 의해 타워의 금속 부분에서 맴돌이 전류가 형성되고, 이 맴돌이 전류가 만드는 자기장에 의해 제동이 걸려서 서서히 떨어지게 됩니다.

엄청난 속도로 떨어지지만 안전하게 속도를 줄여주는 자이로드롭. 이 자이로드롭의 브레이크의 원리는 자동차 브레이크와는 다른 맴돌이 브레이크라고 해요. 구리관과 알루미늄관으로 그 맴돌이 브레이크를 체험해보는 시간을 가져요.

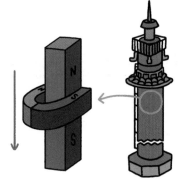

6-3. 구리관 안에서 자석 떨어뜨리기(천천히, 또는 빨리 떨어뜨리기)

자기장 변화에 의해 유도되는 전류는 물질마다 같을까요? 알루미늄관, 플라스틱관(또는 PVC관), 구리관을 준비하여 자석을 떨어뜨려보는 활동을 해봅시다. 자기장의 변화에 의한 전류의 크기는 물질의 종류마다 같을까요?

아니요. 전자가 움직일 수 있는 도체이더라도 물질의 종류에 따라 유도전류의 양이 달라집니다. 구리관, 알루미늄관, 플라스틱관에 자석을 넣어 떨어뜨려보세요.

PVC관에 자석을 넣었을 때는 자석이 바로 떨어집니다. 그러나 구리관에서 자석을 떨어뜨리면 자석이 천천히 떨어지네요. 빨리 떨어지라고 흔들수록 더 천천히 떨어지지요. 왜 그럴까요? 자기장의 변화가 크면 클수록 그 변화를 없애려는 힘이 커지기 때문입니다.

즉, 구리관에 자기장을 없애려는 유도전류가 생성되는 것을 알 수 있습니다. 이것이 자이로드롭이 속도를 늦추는 원리랍니다. 또 금속판에 구리, 철, 주석, 아연들을 첨가하는 비율에 따라 하강속도는 천천히 줄어듭니다. 우리가 항상 애용하는 지하철도 이런 방식으로 멈추게 됩니다. 원형자석을 관의 종류를 변화시키면서 떨어뜨려도 유도되는 전류가 다름을 알 수 있어요. 이 원리를 이용하여 비행기와 자동차 철판의 불량품도 알아낼 수 있답니다.

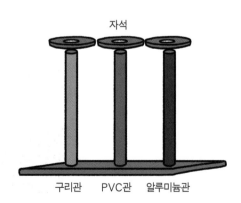

자석

구리관 PVC관 알루미늄관

물질의 종류에 따라 유도전류가 달라지는 것을 이용하여 다음과 같은 놀이기구를 만들면 어떻게 될까요?

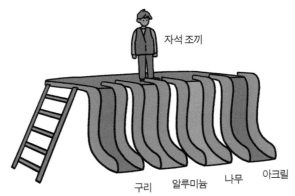

자석 조끼

구리 알루미늄 나무 아크릴

자석 조끼를 입은 소년이 선택하는 레일에 따라 다른 속도로 떨어지겠지요. 구리 미끄럼틀에서 가장 늦게 떨어질 것이고, 그다음 알루미늄에서, 그리고 나무나 아크릴에서는 자유낙하의 속도에서 마찰에 의한 힘을 뺀 속도로 떨어지겠지요.

자석에 붙지 않는 금속(예: 알루미늄)의 표면 가까운 곳에서 자석을 움직이면, 금속의 표면에는 자석의 움직임을 방해하는 전류가 생겨나지요. 이렇게 금속에서 생겨나는 전류는 폐곡선으로 돌아가는 모양이기 때문에 맴돌이 전류라고 부릅니다. 맴돌이 전류에 의해 생성된 자기장은 서로의 움직임을 방해하는 작용을 합니다.

놀이공원의 자이로드롭이나 자동차 브레이크처럼 마찰력을 이용해 제동장치를 사용하면 오래 사용할 경우 파손되거나 마모로 인해 정지하지 못할 수도 있지요. 또한 전자석을 이용하는 경우 갑자기 정전이 되면 정지하지 못하는 불상사를 초래할 수도 있습니다. 그런데 맴돌이 전류의 성질을 이용하면 자이로드롭의 낙하 속력이 빠를수록 자기장의 변화가 커지고, 맴돌이 전류도 커져 방해하는 힘이 함께 커져요. 그래서 놀이기구를 안전하고 부드럽게 정지시킬 수 있습니다.

맴돌이 전류는 진자의 끝에 자석을 달아 실험해보아도 금방 차이를 느낄 수 있어요.

진자의 끝에 자석을 달아 왕복운동을 시킬 때는 빠른 속도로 움직입니다. 그런데 뒷면에 알루미늄판이나 구리판을 놓으면 속도가 급격히 줄어드는 것을 볼 수 있답니다.

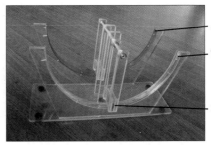

구리 레일
알루미늄 레일
자석 전자

알루미늄과 구리로 만든 레일 위를 움직이는 자석 진자

6-4. 생활 속의 전자기 유도 현상

전자기 유도 현상은 우리 생활 곳곳에서 만날 수 있어요.

버스나 전철을 이용할 때 우리는 현금 대신에 교통카드를 사용하는 경우가 많습니다. 교통카드를 단말기에 가까이 가져가면, 카드 속에 있는 정보가 단말기로 전송되어 요금이 계산되지요. 교통카드 속에는 전원이 없는데 어떻게 신호를 전달하는 것일까요? 어떻게 반도체 칩을 작동시키고 정보를 주고받을 수 있을까요? 공항에서 쓰이는 금속탐지기 등에도 전기를 발생시키는 원리로 전자기 유도 원리를 이용합니다. 무선으로 사용되는 모바일 전화기 충전에도 쓰이고 있고요.

전류가 흐르는 도선은 주위에 자기장이 생겨 다른 자석을 움직일 수 있습니다. 거꾸로 도선 근처에서 자석을 움직이면 도선에 전류를 흐르게 할 수 있는 것입니다.

버스에 설치된 단말기에는 제1코일이 있어서 계속 변화하는 자기장을 발생시킵니다. 그리고 버스카드에는 카드 내부에 제2코일이 있어서 단말기 가까이 가져다대면 코일에 전기가 유도됩니다. 이때 발생하는 전기는 아주 미약하지만 버스카드에 있는 반도체 칩을 작동시킵니다. 만들어진 전기는 반도체 칩을 작동시켜 칩에 저장된 금액 정보를 변경시킵니다. 버스카드 충전소에서는 전기를 충전시키는 것이 아니라 반도체 칩에 입력된 금액 정보를 바꾸는 것입니다.

순식간에 물을 끓여내는 전기 주전자나 전동칫솔 등을 보더라도 전원 코드가 없습니다. 신기하게도 전기를 통하는 금속 면끼리 직접 접촉하지 않아도 전동칫솔은 충전이 되고, 전기 주전자는 전기를 공급받지요. 전원 코드가 없다 보니 그을린 자국도 남지 않습니다. 전열선 없이도 밥이 익고 핸드폰의 전지를 충전할 수 있는 원리는 무엇일까요? 연결 단자가 없이 어떻게 전기가 전달되느냐 하는 것입니다.

전자기 유도 원리에 의해 전기가 전달됩니다. 공항을 출입할 때 통과하는 금속탐지기와 지뢰탐지기도 같은 원리가 이용됩니다. 전자기 유도에 의해 교류전류가 흐르는 코일에 금속이 들어오면 미세한 맴돌이 전류가 금속에 유도되는 원리를 이용한 것입니다.

금속의 맴돌이 전류는 약한 자기장을 만들고 탐지기의 수신 코일에 유도전류가 발생해 금속을 탐지하는 것입니다. 금속에 생긴 전류에 의하여 금속 주변에도 새로운 자기장이 발생하며, 이 자기장은 금속 탐지기 속의 다른 코일을 통과하면서 다시 약한 전류를 발생시킵니다. 약한 전류 신호를 검출하고 증폭하여 음성 장치를 통하여 내보내는 것이 '삑' 소리랍니다.

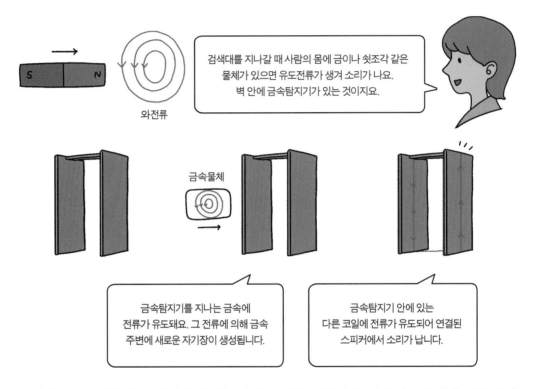

이외에도 전자기 유도 현상의 원리는 전기 기계와 탐지기에 많이 사용됩니다. 자동판매기에 사용되는 동전 감지기는 동전에 함유된 금속의 종류와 양을 탐지하여 얼마짜리 동전인가도 알아낼 수 있지요. 또 자동화된 교통 시스템에서는 차량의 흐름을 파악하기 위하여 일종의 금속 탐지기를 사용하여 차량의 속도와 통과 대수를 감지하기도 합니다.

우리 생활 속의 여러 가지 전자기 유도 현상들이 궁금하네요. 전원코드 없이 전기를 연결해서 정보를 전해주는 여러 가지 무선제품들의 원리를 알아볼까요?

교통카드에서 작동되는 전자기 유도 현상을 일으키는 칩을 들여다봅시다.

교통카드에는 작은 코일이 들어 있어 교통카드를 단말기에 대는 순간 단말기 속의 자석에 의해 코일을 통과하는 자기장이 변합니다. 자기장이 변하면 교통카드 속 코일에 유도 전류가 흐르고, 교통카드는 이 유도전류를 이용하여 칩 속의 정보를 단말기로 보내지요.

버스카드를 분해하여 내부 구조를 눈으로 확인해봅시다.

약국에서 아세톤을 구입하여 준비합니다. 일반 화장품 가게에서도 팔기는 하지만 교통카드를 분해할 정도는 되지 못합니다. 아세톤을 그릇에 붓고 카드를 녹여 카드 안의 내용물을 알아보는 활동을 해봅니다. 코일, IC칩, 축전기로 구성되어 있음을 볼 수 있습니다. IC칩에는 정보가 저장되기에 요금 잔액을 알 수가 있지요.

아세톤을 그릇에 붓고 카드를 담그면 카드 표면의 플라스틱이 녹아 안의 코일과 칩을 분리할 수 있어요.

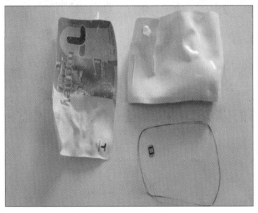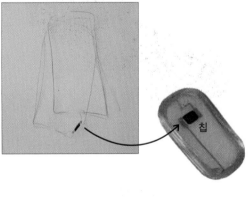

빙 둘러져 있는 구리선이 코일의 역할을 합니다. 이것을 카드 단말기에 접근시키면 자기장의 세기가 변화되어 전류가 유도됩니다. 유도된 전류에 의해 카드 내의 칩이 활성화되는 것이지요.

전기는 아직은 대부분 유선으로 연결하고 있어요. 그런데 전기를 무선으로 공급받는 것은 여러 가지 이유로 편리합니다. 실내 인테리어를 훨씬 깔끔하게 만들 수 있고 합선 같은 전기 사고도 미리 예방할 수 있습니다.

이러한 무선 충전 기술은 크게 '자기공진 방식'과 '자기유도 방식'으로 나눌 수 있습니다. 자기공진 혹은 자기공명으로 부르는 기술은 직접적으로 충전 매트와 접촉하지 않으면서 전력을 전송하는 방식입니다. 기본적으로 코일을 통해서 전류가 전자기로 바뀌는 것까지는 자기유도 방식과 비슷하지만, 이를 공진 주파수에 실어 멀리 보내는 점이 다르지요. '멀리'라고 해봐야 사실은 1~2m 정도이지만, 적어도 기기가 직접 접촉하지 않고 주변에만 있으면 충전이 되는 것입니다.

반면 자기유도 방식은 근거리 충전 기술로서, 자기공명처럼 전류를 코일에 감아 강한 자력을 만들어냅니다. 여기에 똑같은 주파수로 만든 코일을 바로 포개면 자력이 그대로 유도되어 이를 전기로 변환하는 것이 자기유도 방식입니다. 보통 무선 면도기나 무선 전동칫솔기, 스마트폰 충전기에 쓰여요. 거치대에 올려놓기만 하면 자동 충전이 이뤄지고 사용 방법도 간편합니다. 그러나 충전패드는 1cm 이내로 붙여야 정상적으로 충전됩니다.

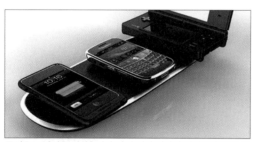

공명유도 방식은 비접촉식과 달리 멀리 떨어져 있어도 충전이 가능해요. 전원 스테이션 단말기 1대로 디지털 기기를 한꺼번에 여러 대 충전할 수 있어요.

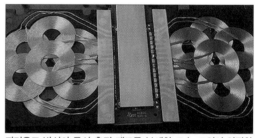

자기유도 방식의 무선 충전 패드를 분해한 모습. 코일이 일정한 모양으로 차곡차곡 들어있어요. (출처: pburka at Frickr.com)

무선 충전 면도기

무선 핸드폰 충전기 엎어놓기만 하면 충전이 됩니다.

6-5. 눈으로 보는 전자기 유도 실험

전자기 유도란 자기장이 변화하면 그 자기장의 변화를 없애기 위한 유도전류가 생성되는 것입니다. 그러면 자석을 움직여 자기장을 변화시키면 유도전류가 생기는 것을 볼 수 있겠네요. 그러한 전자기 유도 현상을 눈으로 확인하는 실험을 해봐요.

12×12cm 정도 길이로 자른 호일 2개를 준비해 데구르르 움직이는 호일을 만들어요.

빨대 5개 정도를 움직이기 좋도록 나란히 놓고 그 위에 만든 호일판을 올려놓습니다. 영구자석을 실에 매달아 흔들면 호일 판이 움직이는 것을 볼 수 있습니다.

자석을 호일에 가까이 대면 자석을 밀어내는 방향으로 유도전류가 생성되고 멀어지면 자석을 끌어당기는 방향으로 유도전류가 생겨납니다. 그 유도전류에 의한 힘에 의해 호일이 움직이는 것이지요.

영구자석을 실에 매달아 흔들면 자기장의 변화를 더 쉽게 만들 수 있지요. 물질마다 유도되는 기전력이 같은지를 알아보기 위해 이번에는 호일 대신 종이를, 종이가 섞인 호일, 또는 구리판을 놓고 자석을 흔들어 아래에 있는 물체가 움직이는 정도를 측정합니다. 물질마다 유도되는 전류가 달라서 움직이는 정도도 다르네요.

호일만 있는 조각과 종이가 함께 있는 호일, 종잇조각 위에 자석을 놓고 흔들면 오직 호일만이 자기장의 변화에 따라 움직이지요. 종이가 있는 곳에서는 전자가 잘 움직이지 못하므로 유도전류가 생성되지 않기 때문이랍니다.

이 원리를 이용하면 비행기에서의 불량품을 잡아낼 수 있답니다. 자기장을 변화시키면 자기장의 변화를 방해하는 방향으로 유도전류가 형성되는데 비행기의 결함이 있는 부분에서는 맴돌이 전류의 형태가 변화해 그 세기가 달라져요.

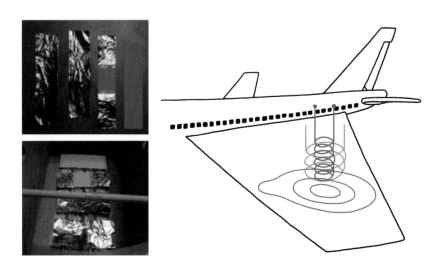

자기장이 변화하면 유도전류가 생기는 것을 알아보는 방법은 여러 가지가 있지요. 호일로 싼 통 안에 자석을 돌리면 어떻게 될까요? 같은 원리로 맴돌이 전류가 생기는 것을 볼 수 있어요. 자석을 돌리면 통도 돌아가요.

둥근 통을 알루미늄호일로 쌌어요.　　자석이 수직으로 되게 한 후 실을 달았어요.　자석이 돌아가면서 통도 돌아가요.

자석을 돌리면 자석 힘의 세기가 변해요. 그 변화를 방해하는 방향으로 통이 움직이게 됩니다. 그 힘이 전기를 만드는 원인이 되지요.

회전하는 자석의 N극은 회전 방향 뒤쪽에는 인력(S극), 회전 방향 앞쪽에는 척력(N극)이 작용하게 됩니다. 그래서 통은 자석과 같은 방향으로 회전하게 되는 것이지요.

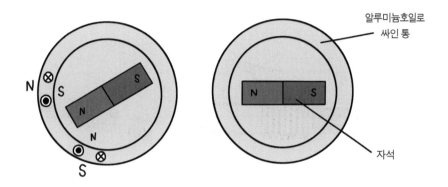

한편 맴돌이 전류가 움직임을 감쇄시키는 점을 이용한 맴돌이 브레이크를 설명했었지요? 이 브레이크는 일반적인 마찰 브레이크와는 달리 물리적인 마찰을 이용하지 않기 때문에 마모나 소음 등에 비교적 자유롭고 전기적으로 제어하기가 쉽다는 장점을 갖습니다.

■ 전기를 만들 수 있는 조건 찾기에서 질문하기

코일이 감긴 비닐관에 자석을 넣어 만든 간이발전기를 만들어 실험을 해보았어요.

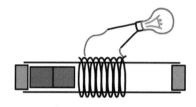 

1. 자기장의 변화와 전류의 생성이 관계가 있을까요?

2. 유도되는 전류의 크기는 무엇과 관계가 있을까요?

3. LED에 불이 켜지는 원리는 무엇일까요?

■ 일상생활에서의 전자기 유도 현상 알아보기

1. 놀이동산의 자이로드롭에서 만드는 전류는 어떤 현상을 일으킬까요?

2. 구리관, 알루미늄관, PVC관에서 자석을 떨어뜨릴 때 속도가 달라지는 이유는 무엇일까요?

3. 버스카드 속에 전자기 유도 현상이 어떻게 일어날까요?

4. 금속탐지기를 지나는 사람의 금속 소지 여부를 어떻게 알아낼까요?

5. 알루미늄판, 구리판, 종이 위에서 자석의 힘을 변화시키면 유도전류가 생겨날까요?

6. 무선충전은 어떻게 이루어지는 것일까요? 그리고 유선충전에 비해 어떤 좋은 점이 있을까요?

7장 휴대폰 배터리, 전지 충전하기

우리는 전지가 없는 현대 생활을 상상할 수 없지요. 휴대폰, TV 리모콘, 디지털 카메라를 비롯하여 노트북 컴퓨터에 이르기까지 전지는 없어서는 안 될 물건입니다. 노트북 사용 중에 방전되면 전기를 사용할 수 없어 충전을 해서 사용합니다. 휴대폰 배터리를 꼬마전구에 연결해보니 불이 켜지네요. 전기 에너지를 빛으로 바꾸어보아요.

전선에 연결된 전자기기의 경우에는 발전기에서 생산된 전기를 곧바로 이용할 수 있지만 전선에 연결되지 않은 기기들을 사용할 때는 전지에서 생산된 전기를 써야 합니다. 화학 전지는 화학 반응을 일으켜 전기를 얻는 장치를 말합니다.

핸드폰으로 게임을 했더니
휴대폰 배터리가 다 되었어요.
이 작은 기기 안에 기능이 많은 것이 신기해요.
카메라도 되고, 음악도 들을 수 있어요.
그런데 인터넷을 쓰면 전지가
빨리 닳아요.

전지란 물질이 가지고 있는
에너지 중에서 화학 변화에 의해
열 에너지를 전기 에너지로 전환시킬 수 있는 것이란다.
전기 에너지는 다시 소리 에너지(스피커)로,
빛 에너지(카메라)로, 운동 에너지(진동),
빛 에너지(모니터) 등으로 바뀐단다.

우리가 흔히 알고 있는 배터리, 건전지 등은 이 화학 전지를 말합니다. 화학 전지는 충전 여부에 따라 크게 1차 전지와 2차 전지, 연료 전지로 나뉘어요.

1차 전지는 충전이 되지 않는 전지로 건전지, 수은 전지, 리튬 전지 등을, 2차 전지는 충전이 되는 전지로 휴대폰, 노트북, 전기차 등에 주로 사용되는 리튬이온 전지 및 리튬폴리머 전지, 그리고 축전지 등을 들 수 있어요. 2차 전지에는 리튬이란 것이 많이 들어갑니다. 리튬은 가장 가벼운 금속으로 열로 잃어버리지 않고 에너지로 쓰이는데 90% 이상으로 고효율이 특징입니다.

전지의 원리를 알아보고 여러 가지 전지를 만들어 보아요. 전지를 오래 쓸 수 있고 효율적으로 사용할 수 있는 방법, 충전을 하는 방법 등에 대해 알아봅시다. 그리고 전지가 가져오는 환경오염에 대해 알아보고 우리가 전지를 사용하는 방법에 대해 생각해 보는 시간을 갖고자 합니다.

7-1. 전지의 종류

전지의 종류에는 사용한 후에 폐기처분되는 1차 전지(알칼리 전지)와 여러 번 반복해서 사용이 가능한 2차 전지(납축전지)가 있습니다.

1차 전지는 한 번 사용하고 버리는 일회용 전지로 기전력이 크고 일정한 전압이 오랫동안 유지되는 전지입니다. 자기 방전이 적어 가만히 뒤도 용량이 줄지 않아요. 그리고 가볍고 값이 싸서 많이 쓰이나 배터리 용량이 작습니다.

1차 전지인 볼타 전지와 알칼리 전지는 전자의 산화환원 반응에 의해 전기가 이동하는 원리가 같아요. 알칼리 전지는 일반 건전지가 염화암모늄을 전해질로 하는 대신, 수산화칼륨을 사용하여 산화속도를 느리게 하여 수명이 깁니다.

2차 전지는 여러 번 충전하여 사용할 수 있는 전지로 한 번 쓰고 버리는 1차 전지에 비해 여러 번 충전하여 사용할 수 있습니다.

2차 전지 중 납축전지는 38% 황산 용액에 Pb와 PbO_2를 담근 장치로 차량용 배터리에 많이 쓰입니다. 2V의 납축전지 6개를 직렬 연결하여 12V로 사용하며, 완전 방전되면 수명이 대폭 떨어지게 됩니다. 충전된 상태에 있는 전지를 기구나 장치에 연결하여 사용하면 전지 내부에서는 산화·환원 반응이 자발적으로 일어나요. 즉, 전지를 사용하는 과정(방전)에서 납(Pb) 전극은 황산납($PbSO_4$) 전극으로 산화되며(납 이온(Pb_2+)이 되며), 이산화납(PbO_2) 전극은 황산납($PbSO_4$)으로 환원되는 것입니다.

충전 과정은 방전 과정의 역으로 화학 반응이 진행되므로 자발적으로 일어나는 화학 반응이 아니므로 반응을 진행시키려면 전기 에너지를 가해야 합니다.

볼타 전지

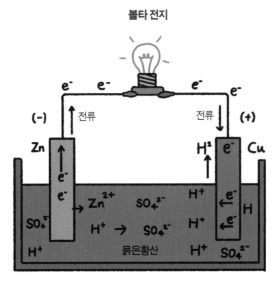

Zn판과 Cu판을 황산 용액에 담그고 도선으로 연결한 것
이온화 경향이 큰 아연에서 내놓은 전자들이 구리판 쪽으로 이동하며,
구리판 쪽의 수소 이온들은 전자를 받아 수소 기체가 되면서 전자가 이동합니다.

알칼리 전지
(1차 전지)

납축전지
(2차 전지)

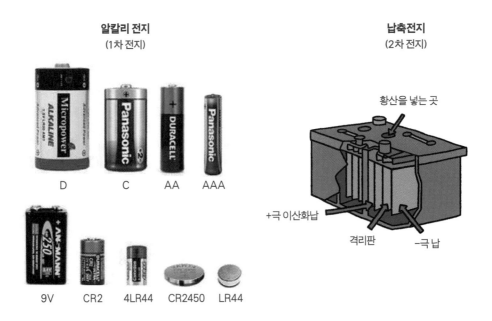

−극에 아연(Zn) 분말 전극, +극에는 이산화망간(MnO_2) 전극, 전해질은 알칼리인 수산화칼륨(KOH)을 사용하여 산화환원 반응에 의해 전자가 이동합니다. 일반 건전지 전해액 NH_4CL 대신에 전해액으로 강알칼리인 수산화칼륨(KOH)을 사용하므로 Zn판의 산화 속도를 느리게 하여 수명이 깁니다.

7-2. 스탠드 불이 켜지게 하는 물질

책상 위 전기스탠드의 스위치에 손가락을 대면 불이 켜져요. 도체인 철을 가져가도 불이 켜지요. 반면에 플라스틱, 종이, 각설탕, 소금 등을 가져가면 불이 켜지지 않아요. 전기를 통하지 않는 물체를 부도체라고 합니다. 그런데 고체 상태인 소금에는 전기가 흐르지 않지만 액체 상태로 되었을 때는 불이 켜져요.

가전제품 사용 설명서를 보면 "젖은 손으로 전원 플러그를 만지지 마세요."라는 경고문구가 나오는데 물질 속의 물 때문일까요?

소금, 질산칼륨, 황산구리, 암모니아, 아세트산처럼 고체일 때는 전기가 통하지 않다가 물에 녹아서 전류가 흐르게 되는 물질을 전해질이라고 합니다. 설탕, 포도당, 녹말처럼 물에 녹아도 전류가 흐르지 않는 물질을 비전해질이라고 하고요.

전해질은 물에 녹으면 (+)전하를 띠는 양이온과 (-)전하를 띠는 음이온으로 나뉘어서 양이온은 -극으로 음이온은 +극으로 이동하여 전류가 흐릅니다. 그러나 비전해질은 물에 녹아도 전기적으로 중성인 분자로 존재합니다.

전해질에는 물에 녹아 대부분이 이온으로 나뉘어 전류가 강하게 흐르는 강전해질과 일부만 이온으로 나뉘어 약하게 흐르는 약전해질이 있습니다.

소금물이나 간장에 꼬마전구를 연결하면 불이 밝은데 아세트산이나 비타민C 같은 약전해질에 연결하면 불이 어두워요.

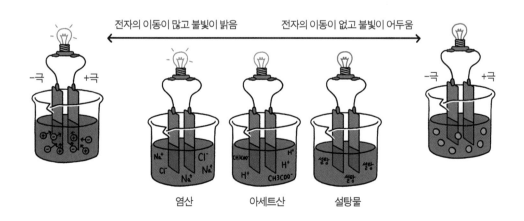

염산   아세트산   설탕물

7-3. 전지에 흐르는 전류를 체험하기

반응성이 다른 두 금속을 전해질에 담그고 두 금속을 도선으로 연결하면 전류가 흐르게 되는 것을 알 수 있어요. 반응성이 큰 금속이 이온화되면서 전해액에 녹고, 이때 발생하는 전자가 이동하여 전류가 형성되기 때문입니다. 그와 같이 화학적 에너지를 전기 에너지로 전환하는 장치를 전지라 합니다. 전지는 기본적으로 두 개의 전극과 전해질로 구성되어요. 볼타전지의 경우 아연판과 구리판의 이온화 경향이 달라 전자가 이동을 해요.

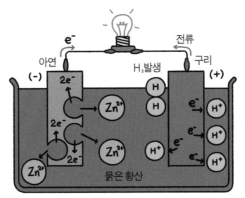

극 변화
(-)극 (Zn판): $Zn - 2e \rightarrow Zn^{2+}$ (녹음)
(+)극 (Cu판): $2H^+ + 2e- \rightarrow H_2$

아연판과 구리판의 이온화 경향이 달라서 전자가 이동해요.
구리판은 +극, 아연판은 -극이, 소금물, 이산화망간 등이 전해질이 되어 전류가 흐릅니다.

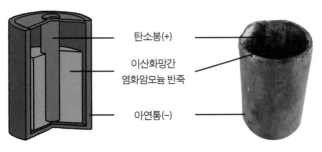

탄소봉(+)
이산화망간
염화암모늄 반죽
아연통(-)

(-)극 $Zn - NH_4CL - MnO_2 - C$ **(+)극**

건전지의 경우 전해질로 이산화망간, 염화암모늄(NH4Cl) 반죽을 사용합니다.

전지의 음극은 이온화 경향이 큰 금속으로 전자를 내어주며(산화), 양극은 전자를 받아 자신은 환원되는 반응을 통해(환원) 전자가 이동을 합니다. 전지가 완전히 방전이 되었다는 것은 전지 내부에서 자발적인 산화·환원 화학 반응을 할 수 있는 화학 물질이 거의 소모되었다는 것을 의미합니다.

구리판과 아연판의 맛을 본 적이 있나요? 때로는 '찌릿' 하는 느낌도 받을 것입니다. 그것은 전자가 이동하는 것이라는 신호입니다. 구리판과 아연판으로 전지를 만들어 멜로디 키트에 소리를 내게 할 수도 있지요. 아연판과 구리판 사이에 소금물에 적신 휴지를 넣고 전기가 이동하는 것을 알아보기 위해 멜로디 키트를 연결해봅시다. 멜로디 키트는 작은 전류라도 흐르면 소리가 나요. 이는 아연판과 구리판의 이온화 경향(이온이 되어 전자를 내려는 성질)이 달라서 전자가 이동할 수 있도록 하기 때문입니다. 구리판은 +극, 아연판은 −극이 되어 1볼트 정도의 전압이 나옵니다. 건전지의 원리와는 어떤 관계가 있을까요?

아연판과 구리판 사이에 혀를 넣어도 소리가 나는 것을 확인해보세요. 건전지를 분해하여 그 분해된 건전지 내부에서 아연판과 탄소봉, 그리고 그 안의 전해질(이산화망간)의 구조와 비교해보면 같은 원리로 전류가 흐르는 것을 알 수 있습니다.

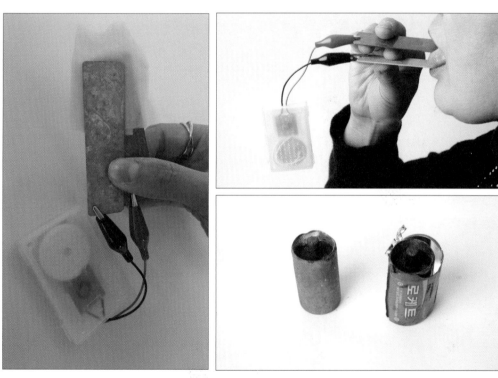

알루미늄은 구리보다 이온화 경향이 커서 전자를 잃어 산화되고 구리는 전자를 얻어 환원됩니다.
이 전자를 이동하게 하는 전해질(소금물, 혀, 이산화망간)에 의해 전류가 흐릅니다.

7-4. 여러 가지 전지 만들기 1 : 콜라 전지

지금 노키아에서는 콜라를 이용한 휴대폰 배터리 개발을 하고 있다고 합니다. 휴대폰 배터리는 경제적 비용이 많이 소모되며 생산에 귀중한 자원을 많이 필요로 하고 폐기 문제도 심각합니다.

콜라와 같은 바이오 배터리는 친환경적이며 탄수화물에서 전력을 발전시키고 배터리가 닳아 없어지면서 물과 산소가 방출되는 구조를 취합니다. 콜라 전지를 만들어보면서 바이오 에너지에 대해 생각해봐요.

콜라로 만드는 전지도 이온화 경향의 차이가 큰 구리판과 마그네슘판(또는 알루미늄판)으로 만들 수 있어요.

플라스틱 컵 안쪽에 한쪽에는 마그네슘판(+)을, 다른 한쪽에는 구리판(-)을 알루미늄 테이프로 고정시키고 LED와 연결합니다. 건전지를 직렬 연결하는 것처럼 여러 개를 연결하면 불빛의 밝기가 세지는 것을 볼 수 있어요.

멜로디 키트를 연결한 알루미늄판과 구리판을 콜라를 담은 컵에 넣으면 전류가 흘러요.

콜라가 든 컵의 수를 늘리면 멜로디 키트의 소리가 달라질까요?

콜라 전지에 의해 다이오드에 불이 들어오고 연결이 많을수록 밝은 것을 확인할 수 있을 것입니다. 멜로디 키트의 소리가 커지고 작아지는 것을 알아보기는 한계가 있으므로 전류계를 이용하여 변화를 알아보면 좋겠지요?

콜라를 이용해 전지를 만들 수 있는 원리는 무엇일까요?

콜라 속의 탄산 및 인산은 전기가 흐를 수 있는 전해질로서, 구리판(+)과 마그네슘판(−)에서 전자의 주고받음으로 인해 전류를 발생시킵니다. 전해질이 산성 물질이고, 마그네슘이 산성 용액에서는 전자를 쉽게 잃는 성질을 이용한 것입니다.

이 전자가 전선을 통해 이동하며 다이오드의 불을 밝힌 후, 구리판 쪽으로 이동하며 전해질에서 다시 마그네슘 쪽으로 오게 됩니다. 이 과정이 반복되다 전자를 더 이상 분리하지 못하게 되면 불이 들어오지 않는 것이지요.

콜라는 어떻게 만들어질까요?

서아프리카에는 콜라 나무가 있습니다. 콜라 나무 열매를 재료로 하여 콜라를 만듭니다. 학교에서는 콜라 원액과 탄산수소나트륨, 시트르산으로 콜라를 직접 만드는 실험을 해볼 수 있어요. 콜라 나무 열매는 카페인과 콜라린을 함유하고 있는데 이것이 콜라의 독특한 맛과 각성 효과를 냅니다.

7-5. 여러 가지 전지 만들기 2 : 과일 전지 만들기

여러 가지 과일을 가지고도 전지를 만들 수 있어요. 과일 전지 극판에 구성된 과일 전지들에서 용액이 흘러나오고 이것이 전해 요소가 되어 불이 밝아지는 원리입니다. 즉, 과일에 수분이 얼마만큼 포함되고 이것이 어느 정도의 전류를 흐르게 할 수 있는지 여부에 따라 전류의 강도가 달라져요. 레몬, 복숭아, 사과, 참외 등의 순으로 LED의 불빛을 밝게 할 수 있어요. 바나나는 그냥은 전류가 흐르게 하지 못하는데 삶아서 하면 물이 생겨서 전류가 흘러요.

과일 전지가 빛을 내기 위해서는 이온화되는 정도가 다른 금속(아연판과 구리판)을 양 쪽에 꽂고 이온화 경향이 심한 전해질(과일 등)을 사용하면 전류가 흐르게 됩니다. 과일 속에는 타르타르산이나 말산이 있어 묽은 황산과 같은 작용을 하기 때문에 화학 전지가 형성되어 기전력이 생기는 것입니다.

귤, 사과, 바나나 등의 각종 과일에 흐르는 전류를 확인해보아요. 멜로디 키트의 소리를 크게, LED의 불빛을 밝게 하는 것은 어느 것일까요? 같은 알루미늄판 및 구리판 전지를 이용한 산화환원 반응을 이용하여 전류의 세기를 측정해보도록 합니다.

과일의 종류와 연결 방법에 따라 전류의
세기가 같을까요?
멜로디 키트의 소리가 달라지는가요?

7-6. 여러 가지 전지 만들기 3 : 숯 전지 만들기

숯 전지는 알루미늄호일(-극)과 숯(+극)으로 만드는 화학 전지입니다. 그러나 숯 전지를 만들어보면 LED에 불이 들어오지 않는 경우가 많습니다. 일본 사람들이 숯 전지로 휴대폰을 충전하고 휴대용 TV를 충전한다고 하는데 생각보다 전류 값이 작게 나옵니다. 우리나라에서 나오는 숯은 갈라진 참숯으로, 발생되는 전류 값이 작습니다. 일본 사람들이 숯 전지 만들기에 사용한 숯은 비장탄이라는 틈이 없고 갈라지지 않은 숯입니다. 그러므로 학교 현장에서 숯 전지를 만들 때는 몇 개의 숯 전지를 직렬 연결하여 전압을 크게 만들어 사용해야 합니다.

숯 전지의 원리는 앞의 전지의 원리와 유사합니다. 알루미늄이 이온으로 되면서 전자를 방출하고 이온이 소금물에 녹아 들어갑니다. 이 이온이 도선을 통해 +극인 숯으로 이동하지요. +극인 숯에서는 소금물에 젖은 화장지로 인해 물이 이온화되어 발생한 수소이온과 결합합니다.

숯 전지의 전자가 이동하는 화학식은

(-)극 $Al \rightarrow Al^{3+} + 3e$

(+)극 $2H^+ + 2e \rightarrow H_2 \uparrow$

숯 전지에서 전기를 만드는 가장 중요한 역할을 하는 것은 알루미늄호일입니다. 알루미늄호일은 이온화가 매우 잘되는 물질로 소금물로 접촉하면 보다 쉽게 이온화가 되어 알루미늄호일이 이온화되어 전자를 방출하게 됩니다. 알루미늄호일의 전자는 숯으로 이동하게 되는데 여기서 숯은 알루미늄호일의 전자를 쉽게 받아들이는 역할을 합니다. 이는 고온에서 태워진 숯이 전기 저항이 매우 낮아서 다른 물질에 비해 전기를 쉽게 모을 수 있기 때문입니다. 상용전지에 비하면 효율성이나 전압은 좀 낮지만 직렬로 연결을 하면 작은 소형모터를 돌릴 수 있을 정도가 됩니다.

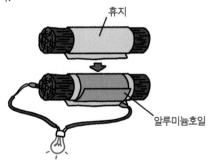

휴지

알루미늄호일

숯 전지를 만들어봅시다. 숯을 물이 묻은 키친타올로 감싼 후 숯에 닿지 않도록 주의하면서 호일로 싸요. 호일에 -극을, 숯에 +극을 연결하면 전지가 완성, 한 개로는 전압이 약하므로 두 개 이상 직렬 연결하면 불을 밝힐 수 있습니다.

휴지를 감은 뒤 젖은 숯에 누르거나 소금물을 묻혀줍니다.

 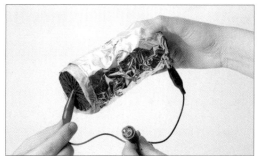

숯이 닿지 않도록 하면서 휴지 위에 알루미늄호일로 감싸줍니다. 　알루미늄이 -극, 숯이 +극으로 LED의 양 끝에 연결하면 불이 켜져요.

지금까지 볼타 전지와 같이 화학 반응을 이용해 전류를 발생시키는 장치인 화학 전지에 대해 알 수 있었는데요, 우리가 사용하는 전지들에는 여러 가지 모양과 성능에도 차이가 있습니다. 그러나 모든 전지의 공통점은 종류가 다른 두 물질이 전극으로 사용되고 있다는 점입니다. 그 전극들에서 전자를 내어놓고 받아들이는 성질이 다른 물질들로 구성되는 정도가 다릅니다. 또 다른 공통점은 전극 사이에 전해질 용액이 있다는 점입니다.

즉, 전지에서 전류가 흐르는 정도는 어느 금속을 접하게 하는가에 따라서 이온이 되는 정도가 다르다는 것을 알 수 있었을 것입니다. 이온이 되는 정도는 무엇일까요?

금속은 물과 접촉했을 때 양이온이 되고자 하는 성질을 가지고 있어요. 이러한 성향을 이온화 경향이라고 하는데 이 경향성은 금속의 종류에 따라 달라요. 원자핵이 전자를 구속하는 힘이 약할수록 이온화 경향이 강해진다고 할 수 있습니다.

이온화 경향이 강한 금속이 -극이 되고 약한 금속이 +극이 되는 것입니다.
금속의 이온화 경향은 다음과 같아요.

이온화경향이 크다. (+)   이온화경향이 작다. (-)
←   →

K 〉Ca 〉Na 〉Mg 〉Al 〉Zn 〉Fe 〉Ni 〉Sn 〉Pb 〉H 〉Cu 〉Hg 〉Ag 〉Pt 〉Au

칼륨 〉칼슘 〉나트륨 〉마그네슘 〉알루미늄 〉아연 〉철 〉니켈 〉주석 〉납 〉수소 〉구리 〉수은 〉은 〉백금 〉금

전지 두 극의 금속을 무엇으로 썼는가에 따라 전류의 세기가 달라지고 전해질로 무엇을 썼는가에 따라 흐르는 전류의 세기가 달라지는 것입니다.

아연판과 구리판 대신에 동전과 알루미늄호일로 전지를 만들어도 멜로디 키트에 소리가 납니다. 오렌지나 귤 대신에 다른 과일을 써봐도 전류가 흐르는 것을 볼 수 있습니다. 그러나 그 전류의 세기는 달라지지요.

망간 전지(음극은 아연, 양극은 탄소, 전해액은 염화암모늄 혹은 염화아연)는 값은 싸지만 용량이 적습니다. 반면 알칼리인 전지는 전해액을 약산성에서 이온 전도도가 높은 강알칼리성(수산화칼륨 수용액)을 사용한 것으로 용량이 늘어나 오래 쓸 수 있도록 했지요.

리튬이온 전지는 주재료로 양극에 리튬산화 물질, 음극에 탄소를 사용하며 전해액은 휘발유보다 잘 타는 유기성 물질을 사용하여 자기방전, 메모리 효과가 거의 없는 우수한 성능의 배터리랍니다.

리튬이온폴리머 전지는 리튬이온 전지의 폭발 위험성이 있는 전해질을 고체 상태의 전해질(폴리머)로 변경한 전지로 액체 전해질(리튬이온 전지)에 비해 이온전도율, 온도 특성, 수명이 떨어진다는 단점이 있으나 안전하고, 작고 원하는 형태로 만들 수 있다는 장점이 있어요. 휘어지거나 얇거나 하는 형태로 만들어 휴대폰, 노트북 등의 휴대기기에 사용할 수 있어 차세대 배터리로 주목받고 있습니다.

앞으로 변화할 새로운 2차 전지는 전기 자동차를 가능하게 할 것입니다.

7-7. 전기 자동차에 사용하는 배터리, 2차 전지

온실가스 배출과 수입 원유를 줄이기 위해 전기 자동차의 개발이 활발하게 추진되어 왔습니다. 지금은 경유나 휘발유로 움직이는 차들이 많지만 앞으로 차세대 자동차로 꼽고 있는 전기 자동차 시대가 조금씩 다가오고 있습니다. 불과 몇 년 전 하이브리드 자동차만 해도 미래의 신기술이라는 평가를 받았지만 어느새 상용화되었고 전기 자동차도 실제 도로 주행은 힘들지만 골프장, 리조트, 기관 등에서 활용되고 있습니다. 그만큼 그 기술의 발전 속도가 빨라지고 있고 이런 속도로 보아 전기 자동차도 얼마 안 있으면 우리 주변에서 흔히 접할 수 있을지도 모릅니다.

전기 자동차는 하이브리드 차, 플러그인 하이브리드 차, 전기 차, 연료전지 차로 나눌 수 있습니다. 2차 전지로 인해 전기 자동차가 가능하게 되었습니다.

하이브리드 차(HEV)는 화석 연료와 전기 연료를 같이 쓰는 차로서 화석 연료로 구동하고, 그에 따라 생기는 전기를 이용해 동력을 보조합니다. 일반 차량에 비해 빠르게 가속할 수 있으며 기존 내연기관 자동차에 비하여 연비가 높고 공해 물질 및 이산화탄소 배출량이 적습니다. 플러그인 하이브리드 자동차(pHEV)는 가정이나 충전소에서 쉽게 충전할 수 있는 전기 플러그가 장착되어 있는 하이브리드 자동차입니다. 화석 연료와 전기 에너지를 동시에 사용한다는 점에서 일반 하이브리드 차와 유사하나 보다 더 큰 용량의 배터리를 사용하여 전기를 주 동력원으로 사용, 전력망을 통해 배터리를 충전합니다.

전기 자동차(EV)는 내연기관 없이 모터와 배터리가 엔진과 화석 연료의 역할을 대신하는 자동차를 말합니다. 주행 시 오염물질 및 이산화탄소 배출량이 없어 무공해 차량으로 불립니다. 수소 연료전지 자동차(FCEV)는 수소를 기본 원료로 이온화 과정을 통해 전기를 발생시켜 모터를 돌려 구동시키는 무공해 자동차로 알려져 있습니다. 연료전지는 연료의 화학적 에너지를 전기 에너지로 직접 변환하므로 효율이 높습니다.

7-8. 자동차의 방전과 충전 원리

전지는 시간이 흐르면 더 이상 쓸 수 없게 돼요. 우리가 흔히 방전되었다는 말을 쓰는데, 방전이란 전지나 축전기 같은 전기를 띤 물체에서 전기가 방출되는 현상을 말하며, 충전의 반대 과정을 말합니다. 방전되는 과정을 알아볼까요?

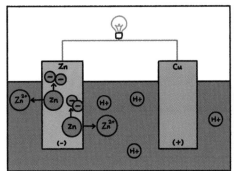

Zn이 Zn²⁺이온과 두 개의 전자로 변합니다.

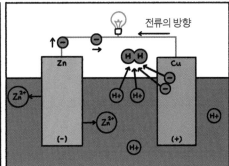

전자가 +극 방향으로 움직이면서 전류가 발생해요.

위에서 배웠던 구리-아연 전지를 예로 방전의 원리를 알아보겠습니다.

아연(Zn)은 아연 이온(Zn^{2+})과 두 개의 전자로 변하는데, 전자가 움직이면서 전류가 발생해요. 그런데 -극 쪽 아연판에 있던 아연이 전부 아연 이온으로 변해버리면 더 이상 전자를 방출할 아연이 없게 되어 방전이 되는 것이랍니다.

건전지를 쓰지 않을 경우라도 전지 속에서는 화학 반응이 서서히 일어납니다. 즉, +극 부근에 있는 수소이온이 약간의 전자를 찾아내어 중화해서 수소가스가 됩니다. 위와 같은 반응이 계속 진행되면서 건전지의 전위차가 점점 작아지는 것입니다.

추운 겨울이 되면 운전자는 자동차 히터를 이용하는 등 평소보다 더 많은 전기를 소비하게 됩니다. 대기 온도가 떨어질수록 배터리의 효율이 낮아지기 때문에 추운 겨울철에는 배터리의 내구성이 감소되어 방전될 가능성이 더 크게 발생합니다.

또한 겨울철에는 온도가 낮을 때 엔진오일의 점도가 떨어져 오일의 유동성이 저하될 수 있는데, 이는 시동을 걸 때 엔진 부하를 크게 해서, 시동을 켤 때 배터리의 내구성을 약화시킬 수 있습니다. 그래서 추운 겨울날 운전자가 시동을 끄고 자동차의 내부에서 키를 꽂아둔 채로 미등이나 실내등이나 시트 가열 스위치를 켜놓고 휴식을 취하게 되면 배터리가 쉽게 방전되는 것입니다.

　　전기 자동차에 사용하는 전지는 휴대폰처럼 충전해서 사용할 수 있는 2차 전지입니다. 2차 전지의 개발에는 리튬이온 전지, 니켈-카드뮴 전지, 니켈-수소 전지가 있는데 그중 리튬이온 전지는 다른 2차 전지에 비해 에너지 밀도가 높아 자기방전에 따른 용량 저하가 매우 적은 편입니다. 그래서 전기 자동차를 만드는 기업들은 중대형 리튬이온 전지로 만든 전용배터리를 사용하고 그에 대한 연구를 끊임없이 하고 있어요.

7-9. 다 쓴 건전지 다시 쓰기

시계, 리모콘, 카메라, 장난감들을 작동시키려면 건전지가 필요해요. 건전지가 수명을 다해 작동하지 않을 때를 방전되었다고 하지요. 방전된 건전지를 이용하여 전해질과 비전해질의 성질을 비교해보아요.

건전지 안의 전해질이 다 소모하게 되면 전지를 쓸 수 없게 되는데 전해질을 보충해주면 다시 쓸 수 있지 않을까요? 한 번 방전된 건전지에 전해질을 보충해보는 실험을 해봅시다.

방전된 건전지 속에 소금물을 넣으면 건전지를 일정 시간 동안 다시 사용할 수 있습니다. 그러면 전해질인 소금 대신 설탕을 물에 녹여 주입하면 어떻게 될까요? 전해질인 소금을 건전지에 넣으면 소금이 물에 녹아 양이온과 음이온으로 나뉘어서 건전지 속 이온의 양을 증가시킵니다. 증가된 이온들이 전류의 흐름을 더욱 원활하게 해 전기 제품이 조금 더 작동할 수 있습니다. 비전해질인 설탕을 건전지에 넣으면 건전지 내부에 이온을 보충해줄 수 없어서 방전된 건전지를 되살릴 수 없습니다.

송곳으로 −극 쪽에 구멍을 뚫어요.
소금물을 조금만 주입해요.

그 밖에 건전지를 더 쓸 수 있는 방법은 어떤 것이 있을까요?

높은 곳에서 떨어뜨리거나, 건전지 2개를 세게 부딪혀주면 더 쓸 수 있다고 합니다. 건전지를 세게 부딪쳐 주면 건전지 내부에 미처 사용되지 않고 분리된 채 남은 염화암모늄, 염화아연 부분이 채워지므로 좀 더 쓸 수 있게 되는 것이랍니다.

또한 건전지를 서늘한 곳에 보관하고, 사용하지 않을 때는 빼서 보관하는 것이 건전지를 오래 쓸 수 있는 방법입니다. 다 쓴 건전지라도 깨끗한 종이에 싸서 땅속에 묻고 10여 일 뒤에 꺼내면 며칠은 더 쓸 수 있다고 합니다.

자동차 배터리의 경우에도 자동차의 각 시스템에서 전기가 필요할 때 전기가 방전하게 되고, 발전기에서 생산된 전기를 배터리에 충전함으로써 내구성이 떨어질 때까지 반복적으로 역할을 수행합니다.

7-10. 전지의 이용과 공해

    지난해 GM의 전기 자동차 화재 사고에 이어 올해에도 중국 BYD의 전기 차가 폭발해 3명이 숨진 사고가 발생해 전기 차의 안전이 크게 우려되고 있습니다. 두 사건 모두 차량에 충격이 가해진 후 배터리 화재나 폭발로 이어졌습니다. 각각의 차량은 리튬이온과 인산철 배터리를 장착했고 현재까지 정확한 사고 원인은 밝혀지지 않고 있지만 배터리가 인화성 역할을 했을 것으로 추측됩니다.

    그러한 직접적인 영향 이외에도 전지에 들어 있는 수은, 납, 카드뮴, 아연 등은 토양과 물의 중금속 오염에 심각한 영향을 끼칩니다. 수은 전지(단추형) 한 개는 수은이 27%(약 2g) 포함되는데 이는 4000톤의 물을 오염시킵니다. 2차 전지인 니켈-카드뮴 전지도 500회까지 재충전이 가능하나 카드뮴을 20% 포함하니 그 오염원을 해결하는 방법을 연구해야 합니다.

    폐전지로 인해 오염된 폐수에 금붕어와 미꾸라지를 사육해보면 폐전지의 수가 많고 오래 용출시킨 폐수에서 오래 살지 못하며 폐전지에 오염된 볍씨 등의 식물의 발아율은 아주 낮거나 발아되지 않습니다. 오염된 토양에서는 뿌리도 잘 안 내리고 줄기 및 잎의 성장 속도도 크게 뒤떨어집니다.

    또한 실험용 흰 쥐를 생육해보면 생육 기간이 짧은 흰 쥐가 오염된 폐수에 적응력이 약하여 일찍 죽고 오염된 폐수를 계속 먹고 자란 흰 쥐는 성장 속도가 느리며 사망률도 늘어나게 된답니다.

    수은 전지는 저공해 전지(산화은 전지, 알칼리 전지 또는 망간 전지)로 대체하고 폐건전지는 별도로 분리수거해서 처리해야 하겠지요. 그리고 2차 전지를 이용해야 합니다. 그리고 점차 성능이 좋고 오염이 없는 태양 전지, 니켈-수소 전지, 리튬 전지, 연료 전지, 원자력 전지 등을 개발해 쓰도록 해야겠지요.

■ 전지의 종류 알아보기

1. 1차 전지와 2차 전지는 어떻게 다른 것일까요?

2. 전지가 구성되기 위해서 필요한 것들은 무엇일까요?

3. 볼타 전지와 알칼리 전지는 어떤 점이 같고 다를까요?

■ 전지에 흐르는 전류 체험하기

1. 전기스탠드의 스위치에 손가락을 대면 불이 켜지지만 플라스틱 같은 물질을 가져다

   대면 불이 켜지지 않는 이유는 무엇일까요?

2. 알루미늄판과 구리판 사이에 소금물을 적신 휴지를 넣으면 전기가 흘러요. 이것과

   건전지의 구조와 어떻게 비교할 수 있을까요?

3. 콜라와 각종 과일을 가지고 전류를 흐르게 할 수 있을까요? 그 원리를 알아보아요.

4. 전지에 전류가 잘 흐르게 하기 위한 조건은 어떤 것이 있을까요?

■ 전기 자동차의 원리 알아보기

1. 전기 자동차를 개발하면 어떤 점이 좋을까요?

2. 전기 자동차 사용을 가능하게 하는 전지의 원리는 무엇일까요?

3. 자동차 배터리의 방전을 막기 위해서 어떻게 해야 할까요?

4. 전지의 이용에 따른 공해 문제는 어떤 것이 있을까요?

둘째 마당

열이 만드는 에너지

둘째 마당 **열이 만드는 에너지**

지금까지 전기를 만드는 방법에 대해 탐구했어요. 둘째 마당에서 일곱째 마당까지는 전기 에너지를 얻는 원천에 따른 발전 방식과 연계해 알아봅시다. 열, 원자력, 바람, 물, 빛, 생물이 가지는 에너지에 대해 여행을 하려고 합니다. 둘째 마당에서는 현재 우리 생활 속에서 가장 큰 역할을 하고 있는 화력발전을 살펴봅니다.

화력발전이란 화학 에너지를 갖고 있는 석탄, 석유, 천연가스 등의 화석 연료를 연소시켜 변한 열 에너지가 기계설비에 의해 기계 에너지로 변환된 후, 기계설비와 연결된 전기설비를 회전시킴으로써 전기 에너지를 얻는 열전방식의 총칭입니다.

첫째 마당에서 자기장의 변화를 가져오게 하여 유도전류를 만드는 에너지에 대해 알아보았는데 그 유도전류를 만드는 에너지로 열 에너지를 활용하는 것이 화력발전입니다. 우리는 열이 어떻게 이동하며 열에 의해 상태가 어떻게 변화하는지 알아야 하겠지요?

우리는 흔히 화력발전은 환경오염을 많이 일으키고 원료도 고갈되고 있다고 생각합니다. 그리고 친환경적인 풍력, 태양광, 조력 등의 신재생 발전을 통해 전기 에너지를 풍부하게 얻을 수 있을 것이라고 생각합니다. 그러나 신재생 에너지원은 생산량이 턱없이 부족하고, 생산원가 면에서도 석탄 및 원자력에 비해 비용이 높습니다. 경제적으로 전력수급을 충족시키기 위해서는 원자력, 석탄 및 천연가스에 의한 발전을 고려할 수밖에 없답니다. 그래서 비용이 저렴하면서도 안정적으로 전기 에너지를 공급하기 위한 최선의 방법인 대용량, 친환경, 고효율, 석탄 화력발전소에 대한 관심이 높아지고 있지요.

화력발전은 보일러에서 물을 끓여 증기를 만들고 그 증기를 사용하여 발전하는 방식이므로, 원자력발전이나 지열발전 등과도 발전 방식이 동일합니다. 그래서 셋째 마당에서는 화력발전의 한 형태로서의 원자력발전을 탐구하는 여행을 할 예정입니다.

소나무는 잘 타던데 이 참나무는 잘 타지 않네요.

물질이 탄다는 것은 산소와 결합하여 에너지를 발생시키고 물과 CO_2가 되는 것을 말한단다. 탄소가 많은 물질은 많은 열량을 낸단다. 물질에 따라 탄소가 들어 있는 정도가 다르기 때문이지.

화석연료로 물을 끓여 터빈을 돌려 발전할 때도 그러한 연소열의 에너지를 이용하였지.

물을 끓여 터빈을 돌린 후 증기는 복수기에서 식힌 물로 바뀌고 보일러에서 다시 가열되어 증기가 됩니다. 복수기에서 증기의 냉각에 대량의 물이 필요하지만, 이 냉각수는 일반적으로 바닷물을 사용하고 있습니다. 따라서 화력발전소는 대량의 냉각수를 얻을 수 있는 곳인 바닷가에 건설되는 것이 대부분입니다. 화력발전소로 삼척 화력발전소, 당진 화력발전소, 울산 화력발전소 등이 있는데 대부분 바닷가에 있어요.

화력발전은 전 세계적으로 가장 풍부한 자원을 바탕으로 하고 있습니다. 화력발전의 원료가 되는 것 중 석탄의 양은 8500억 톤으로, 약 133년 이상 이용 가능한 것으로 보고되고 있답니다. 생산 지역도 각 대륙별로 고루 분포돼 있어 국내 자본에 의한 해외 탄광 개발이 활발히 이루어져 왔습니다. 또한 오랜 기간 동안 수입을 하면서 수송체계가 완비돼 있어 연료 가격 및 수급상 많은 장점이 있어요.

그래서 세계 여러 나라에서도 전체 공급 전력의 절반 이상을 차지하는 발전이 석탄을 주된 원료로 하는 화력발전이고 우리나라 역시 전체 공급 전력의 절반 이상을 화력발전이 차지하고 있습니다. 건설비도 수력발전이나 신재생 에너지 발전에 비해 싸고 효율도 높기 때문에 많이 활용되고 있습니다.

화력발전소

화력발전을 일으키는 단기통 디젤기관 모습

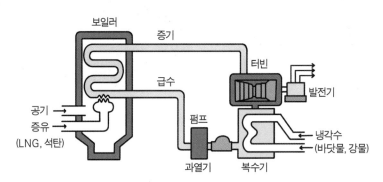

화력발전소의 구조

둘째 마당에서는 화력발전을 하는 기술적인 원리에 대한 이해보다는 1장에서는 열의 이동과 연관하여 어떻게 맛있는 음식과 난방을 유지하게 할 수 있을지에 대해, 이어 2장에서는 적정기술에 의한 냉장고에서 바이메탈 원리에 대한 탐구를 하려고 합니다. 그래서 3장에서는 퐁퐁증기선에서 화력발전소 탐구를 통해 전기를 어떻게 만드는지를 알아보고 새로운 화석연료인 메탄하이드레이트를 만들어보는 활동을 해보기로 해요. 4장에서는 화력발전은 아니지만 지구 내부 에너지인 지열을 이용, 에너지를 만드는 방법에 대해서도 알아보려고 합니다.

1장 열의 이동을 이용한 맛있는 음식과 난방

열이란 무엇이고 그 열은 어떻게 이동하는 것일까요? 온도가 낮은 물질과 온도가 높은 물질이 접촉하면 온도가 낮은 물질은 온도가 높아지고 온도가 높은 물질은 온도가 낮아집니다. 즉, 온도가 높은 물질에서 온도가 낮은 물질로 열이 이동한다고 합니다. 열은 언제까지 이동할까요? 접촉하는 두 물체의 온도가 같아질 때까지 이동하는 것이지요. 두 물체의 온도가 같아져서 더 이상 열이 이동하지 않는 상태를 열평형 상태라고 해요.

온도란 물체의 차고 따뜻한 정도로 분자들의 평균 운동 에너지의 양을 말합니다. 즉, 온도가 높은 물질 속에 있는 분자들은 활발하게 움직이므로 높은 에너지를 가지고 있다는 것이지요.

맛있는 밥상에도 열이 이동하는 과학의 원리가 들어 있어요. 음식의 온도에 따라 담는 그릇을 달리해야 한답니다. 담는 그릇에 따라 열을 전달하는 정도인 열전도율이 다르기 때문입니다. 난방을 유지할 수 있는 원리 또한 같아요.

안에 담긴 샐러드가 미지근해지지 않도록
열 전달율이 적은 유리, 나무, 사기 그릇 등을 써요.

국자의 손잡이는 플라스틱으로 되어 있어요.
국은 뜨거운데도 국자로 국을 뜰 수가 있네요.

뒤집개도 열 전달율이 적은 것으로 해요.

알루미늄 냄비는 열 전도율이 좋아 금방 끓게 해요.

1-1. 열은 어떻게 이동을 하나요?

밥, 국 종류는 따뜻함을 유지해야 하므로 최대한 천천히 식는 도자기 그릇이 좋아요. 김치 같은 것은 색과 냄새가 배지 않고 김치의 변질을 막을 수 있는 유리 그릇이 좋겠지요. 채소, 과일은 열전도율이 낮은 도자기, 유리 용기에 담는 것이 좋고, 찌개는 뜨거운 상태를 유지할 때가 가장 맛있기 때문에 열손실이 가장 적은 뚝배기에 담는 것이 좋습니다.

즉, 열의 이동을 어떻게 하게 하는가에 따라 음식의 맛이 결정되기도 합니다. 열이 이동하다가 더 이상 이동하지 않아 온도가 일정하게 유지되는 상태를 열평형 상태라 해요. 열평형 상태란 어떤 것일까요?

차가운 물과 뜨거운 물에 잉크를 동시에 떨어뜨리면 차가운 물에서는 잉크가 천천히 퍼져나가고, 뜨거운 물에서는 빨리 퍼져나가게 되지요. 여름에 냄새가 더 많이 나는 이유도 온도가 높을수록 분자 운동이 활발해지기 때문입니다.

뜨거운 물과 차가운 물을 섞게 되면 뜨거운 물은 열을 잃어버리고 찬물은 열을 얻도록 이동하게 됩니다. 이때 잃어버리는 열의 양과 얻는 열의 양이 같아져서 온도가 일정하게 유지될 때를 열평형 상태라고 해요.

찬물의 분자들은 속도가 느리고 분자 간 거리가 가까워요.
차가워진 물은 상대적으로 무거워지므로 아래로 내려갑니다.

찬물

뜨거운 물

찬물과 뜨거운 물을 섞으면 찬물은 열을 얻고 뜨거운 물은 열을 잃어요. 얻은 열량과 잃은 열량이 같아질 때까지 열이 이동을 해요.
열이 더이상 이동하지 않는 상태를 열평형 상태라고 해요.

더운 물의 분자들은 속도가 빠르고 분자 간 거리가 멀어져요.
더워진 물은 상대적으로 가벼워지므로 위로 올라갑니다.

온도가 다른 물체가 열평형에 도달하는 과정은 분자운동으로 설명됩니다. 온도가 높은 물체를 이루는 분자들은 빠르게 운동하고 온도가 낮은 물체는 느리게 운동을 합니다. 두 물체를 접촉시키면 빠른 속도를 가진 분자와 느린 속도의 분자가 충돌을 하면서 에너지가 전달되는 것입니다. 따라서 빠르게 운동하던 분자는 느려지고 느리게 운동하는 분자는 더 빨라지면서 두 물체의 온도가 같아지게 되는 것이지요. 이렇게 온도가 같아진 상태를 열평형 상태라 하고 그 온도를 열평형 온도라 합니다.

열평형의 예는 우리 생활 속에서 많이 볼 수 있어요. 음료수 병을 얼음에 넣으면 음료수는 열평형 상태에 도달하여 차가워집니다. 체온을 잴 때 입안이나 겨드랑이에 체온계를 넣고 몇 분 동안 기다리면 열평형 상태에 도달합니다. 냉장고에 음식을 넣어두면 음식들의 온도가 점차 냉장고 안의 온도와 같아지는 것도 같은 원리입니다.

열은 항상 높은 온도에서 낮은 온도의 물체로 이동을 하는데 이때 이동한 열의 양을 열량이라고 합니다. 열량의 단위는 물을 기준으로 하여 1kcal라는 단위를 사용합니다. 1kcal는 물 1kg을 1℃ 높이는 데 필요한 열량입니다.

열이 이동하는 방법은 물체를 접촉하거나 물질이 순환하면서 전달되기도 하고 열 분자가 직접 전달하기도 합니다. 열의 이동 방법과 이동 방법에 따른 생활 속 활용 모습에 대해 알아봅시다.

음식을 담을 때뿐만 아니라 요리할 때에도 사용하는 그릇의 종류가 다릅니다. 물질의 종류에 따라 열전도율이 달라지기 때문입니다. 이렇게 고체 상태의 물체를 따라 열을 전달하는 것을 전도라고 해요. 뜨거운 국 속에 쇠 숟가락을 넣어놓으면 금방 뜨거워지지만 플라스틱이나 나무로 된 숟가락을 넣으면 덜 뜨거워요.

보리차를 끓일 때나 난로나 에어컨을 통해 난방이나 냉방을 할 때처럼 물체를 직접 접촉하지 않아도 공기나 물이 순환하면서 열이 전달되기도 해요. 이처럼 열을 전달하는 중간물질에 의한 열의 이동 방법을 대류라고 합니다.

추운 겨울날도 해가 있어 따뜻할 수 있어요. 해는 우리에게 어떻게 열을 전달할까요? 이때는 직접 접촉한 상태에서 열이 이동한 것도 아니고 태양과 지구 사이의 중간에 공기나 물 같은 전달 물질이 있어 전달되는 것도 아닙니다. 이와 같이 열이 중간에 아무런 물질의 도움 없이 직접 전달되는 현상을 열의 복사라고 합니다.

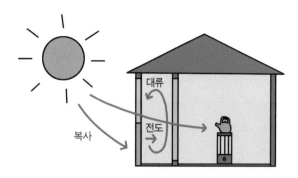

태양열이 직접 복사에 의해 전달되기도 하고, 벽을 타고 전도되기도 합니다.
따뜻한 공기가 대류에 의해 골고루 섞이게 됩니다.

열 전달이 잘 되게 하여 열을 빨리 올리거나 내리게도 할 수 있고 또 열을 잘 차단시켜 에너지를 절약할 수 있는 주택을 지을 수도 있습니다.

우리가 많이 쓰는 각종 전자제품에도 이 같은 열의 성질이 이용되기도 하고 이 열 때문에 제품이 고장이 나기도 해요. 다리미, 커피포트와 같이 열을 이용하는 제품들은 전기코드만 꽂았는데 어떻게 열을 낼 수 있는 것일까요? 도체나 전선에는 전류의 흐름을 방해하는 성질이 있는데, 전류가 도체를 통과할 때 전기의 흐름을 방해하는 전기저항에 의해 열과 빛이 발생합니다. 이때 발생한 열을 이용한 것이 전기 난로, 전기 온풍기, 전기 다리미와 같은 전기제품이지요. 전기 저항을 최소화하여 전기의 소모량을 적게 하기 위해서 전기 저항이 적은 구리선을 이용하고 있습니다.

우리가 많이 쓰는 휴대폰도 통화를 많이 하거나 동영상을 볼 때 열이 납니다. 때로는 통화를 하면서 충전하기도 하는데 휴대폰이 충전되거나 방전, 즉 사용될 때는 전기 에너지와 화학 에너지가 서로 전환되며 열이 발생됩니다. 특히 충전기나 휴대폰 내부에 문제가 있을 경우에는 두 과정이 동시에 진행되면서 지나치게 과열돼서 충전기가 부풀어 오르거나 폭발할 수 있습니다.

충전하고 있는 상태에서 통화를 하거나 게임을 하면 전화기에서 열이 나요.

1-2. 물질마다 다른 열전도율

열이 이동하는 방법 중 전도는 물질과 접촉한 상태에서 전달하는 방법이에요. 전도되는 물질의 종류에 따라 열이 전달되는 정도가 다른지를 알아보아요.

같은 크기의 숟가락 4개에 버터를 붙여놓은 상태에서 열을 주었을 때 어느 것이 빨리 녹는지 알아볼까요?

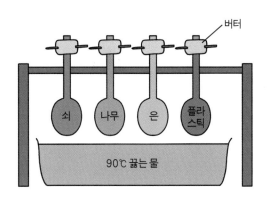

같은 크기의 숟가락 4개를 준비했어요. 쇠 숟가락(알루미늄 숟가락), 은 숟가락, 나무 숟가락, 플라스틱 숟가락 4개를 준비해 손잡이 부분에 버터로 이쑤시개 조각을 붙입니다. 그리고 그 숟가락들의 끝을 뜨거운 물이 든 그릇에 넣어봅니다. 그리고 버터가 녹아 이쑤시개가 아래로 떨어지게 되는 시간을 측정합니다.

은 숟가락의 버터가 가장 먼저 녹아 거기에 붙은 이쑤시개가 떨어지고 나무, 플라스틱은 나중에 떨어지네요. 열이 전달하는 속도를 알아보기 위해 시온스티커를 붙여놓고 변화를 알아봐도 재밌어요.

물질이 전도에 의해 열을 얼마나 잘 전달하느냐를 열전도율이라고 하는데 이는 물질의 종류에 따라 다릅니다. 열전도율의 단위는 kcal/m.hr.℃로 나타냅니다. 사기 도자기 성분들은 밀도에 따라 차이가 있으나 0.892kcal/m.hr.℃로 낮아요(유리는 0.3~0.7). 은 429, 알루미늄 175, 철은 40~45로 열전도율이 높은 편이고 나무는 0.04~0.4, 물은 0.6으로 열전도율이 낮고 그중 공기는 0.025로 가장 낮아요. 그래서 건물을 지을 때 단열재 안에 빈 공간을 만들거나 이중유리를 만들어 열이 이동하지 못하게 하는 것이지요.

전도율 실험은 재질이 다른 그릇에 담긴 뜨거운 물의 온도가 달라지는 실험을 통해서도 할 수 있어요. 열전도율이 큰 금속은 온도가 빨리 떨어지고 열전도율이 작은 사기나 플라스틱은 온도가 천천히 떨어져요.

주전자나 냄비는 열전도율이 높은 금속으로, 오븐장갑은 열전도율이 낮은 헝겊으로 사용합니다.

여러 가지 재질의 그릇에 물을 넣고 온도가 내려가는 정도를 측정해요. 그릇의 종류에 따라 열을 전달하는 정도가 다른 것을 볼 수 있어요.

1-3. 반도체 부품들을 열에서 보호하기

텔레비전, 컴퓨터, 스마트폰 등과 같은 여러 전자제품에는 반도체로 만든 전자부품이 많이 들어 있어요. 반도체로 만든 전자부품은 성능이 좋고 값이 싸고 아주 작게 만들 수 있다는 장점이 있어요. 그러나 반도체 전자부품은 열에 약하다는 단점이 있습니다. 반도체 부품은 온도가 올라가면 제 기능을 발휘하지 못하지요. 컴퓨터를 오래 켜놓거나 휴대폰 통화를 오래 해도 열이 많이 나서 뜨근뜨근해지는 것을 볼 수 있지요.

매년 반도체 칩의 집적도가 크게 높아져 왔는데요. 집적도를 높이기 위해 삼성전자를 비롯한 반도체 회사들은 회로의 선 폭을 수십 nm(나노미터, 1nm=1억분의 1m) 수준까지 좁혔습니다. 그 회로의 선폭을 줄이는 데 한계가 있습니다. 반도체 칩에 들어가는 트랜지스터 수가 늘어날수록 발생하는 열의 양도 급격히 많아지기 때문입니다. 휴대폰이나 노트북 컴퓨터를 오래 쓰면 뜨거워지는 것도 이 때문이지요. 반도체 칩에서 나는 열은 단순히 전자제품을 사용할 때 뜨거워져서 불편한 정도에 그치지 않고 제품의 성능을 크게 떨어뜨리고 수명을 단축시키게 됩니다. 열이 발생하면 트랜지스터의 저항이 커져 집적회로에 흐르는 전류의 속도가 급격히 떨어지면서 오작동을 일으키게 되는 것이지요.

반도체의 집적도를 높이려면 반드시 열을 잡아야 합니다. 처음에는 공기와 접촉 면을 늘리는 방식이 사용되었습니다. 울퉁불퉁한 요철 표면을 만들어 열의 발산을 돕도록 했어요. 하지만 칩의 집적도가 크게 높아진 펜티엄 모델(1990년)부터는 작은 선풍기(팬)를 다는 방식을 채택하고 있습니다. 이 팬 때문에 컴퓨터를 켜면 '윙~' 하고 귀에 거슬리는 소음이 생기는 것이랍니다.

〈컴퓨터 내부에서 열의 발산을 도와주는 알루미늄 판〉

컴퓨터 안쪽을 보면 열을 빼내는 방열판들이 있어요.

애플이나 히타치에서는 부동액을 섞은 물을 순환시켜 CPU(중앙연산장치) 등에서 발생하는 열을 방출시키는 방식을 채택했어요. 이 방식은 팬이 필요 없기 때문에 소음이 적지요. 냉각수가 수 mm의 알루미늄 파이프를 따라 돌며 칩에서 발생하는 열을 빼앗아 밖으로 뽑아내는 '에어컨 방식'도 사용됩니다.

방열판들은 알루미늄으로 만들어져 있는데 열전도율이 높아 열을 빨리 분산시키는 역할을 합니다. 초콜릿, 과자나 라면 봉지 내부도 알루미늄 재질로 된 은박지로 포장되어 있습니다. 알루미늄호일로 포장을 하면 습기가 방지되고 열을 빨리 전달하여 제품 안쪽의 내용물이 보호됩니다. 뿐만 아니라, 은박지는 봉지 겉면의 여러 가지 인쇄 물질을 제품과 차단하는 역할도 하고 있어요. 만약 제품의 안쪽에 은색 포장이 되어 있지 않으면 제품이 열에 노출되었을 때 봉지 겉면에 인쇄되어 있는 여러 이미지가 제품에 스며들 것입니다.

1-4. 공기나 물의 순환에 의한 열의 전달 : 말을 듣는 색깔 물(대류 1)

방 한쪽에 난로를 피워도 실내 전체가 따뜻해집니다. 이것은 실내의 한쪽에서 데워진 공기가 방 전체로 이동하여 열이 전달되기 때문입니다. 공기나 물의 한 부분을 가열하면 가벼워져서 위로 올라가고 주변의 차가운 부분이 아래로 내려오면서 그 자리를 채우기 때문이지요. 이렇게 액체나 기체 상태의 물질을 통해 열이 전달되는 것을 대류라고 합니다. 이런 현상을 이용하여 간단한 마술을 할 수 있어요.

지금부터 자리 바꾸는 색깔 물 실험을 해볼까요?

뜨거운 물에 빨간 색소, 찬물에 파란 색소를 넣어요. 온도가 높은 물이 아래쪽에 위치할 때는 그 부분이 윗부분보다 밀도가 작기 때문에 부력이 생겨 위로 올라가고, 대신 위에 있던 온도가 낮고 밀도가 큰 부분(파란색)이 내려옵니다. 그러나 온도가 높은 물(빨간색)이 위쪽에 위치할 때는 이동하지 않으므로 그대로 있게 되는 것이지요.

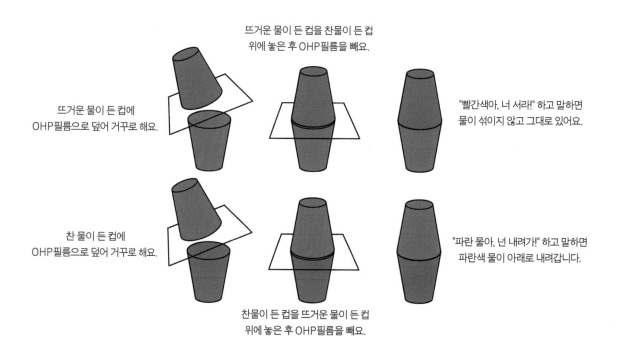

뜨거운 물이 든 컵을 찬물이 든 컵 위에 놓은 후 OHP필름을 빼요.

뜨거운 물이 든 컵에 OHP필름으로 덮어 거꾸로 해요.

"빨간색아, 너 서라!" 하고 말하면 물이 섞이지 않고 그대로 있어요.

찬 물이 든 컵에 OHP필름으로 덮어 거꾸로 해요.

찬물이 든 컵을 뜨거운 물이 든 컵 위에 놓은 후 OHP필름을 빼요.

"파란 물아, 넌 내려가!" 하고 말하면 파란색 물이 아래로 내려갑니다.

이러한 대류현상을 고려해 에어컨은 위쪽에 , 난방 기구는 낮은 데에 두어야겠지요?

1-5. 공기의 흐름에 따라 춤을 추는 뱀(대류 2)

보리차를 끓이면 물 입자가 대류에 의해 위아래로 움직이는 현상을 볼 수 있어요. 나무를 태우면서 발생하는 연기에서도 대류하는 공기의 흐름을 볼 수 있습니다. 연기는 모닥불에 의해 데워진 공기를 따라 상승한 후, 공기가 식으면 주변으로 흩어졌다가 다시 지상으로 내려오는 것을 볼 수 있지요.

공기의 흐름을 눈으로 볼 수 있는 재미있는 활동을 해봐요.

A4 용지나 가벼운 색지에 나선 모양의 뱀을 그립니다. 그것을 오려 한쪽 끝에 실을 달아 그 끝을 나무젓가락의 한쪽 끝에 매달아요. 그 뱀 모양의 종이 위에 양초를 켜놓으면 공기의 흐름을 따라 뱅글뱅글 돌아갑니다.

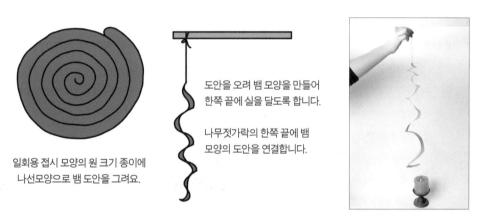

일회용 접시 모양의 원 크기 종이에
나선모양으로 뱀 도안을 그려요.

도안을 오려 뱀 모양을 만들어
한쪽 끝에 실을 달도록 합니다.

나무젓가락의 한쪽 끝에 뱀
모양의 도안을 연결합니다.

촛불을 켜놓고 그 위에서 뱀 도안을 놓으면 공기의 흐름에 따라 뱅글뱅글 돌면서 마치 춤을 추는 것 같은 모습을 보입니다.

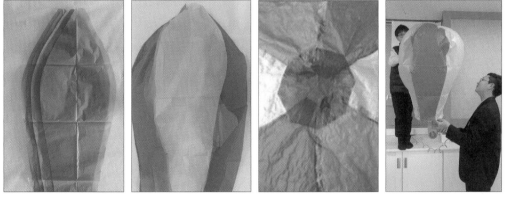

6개 조각 본을 겹쳐 붙이면 둥근 물체가 만들어져요. 한지로 만든 열기구 안에 열을 가하면 위로 뜨는 것을 볼 수 있습니다.

1-6. 시온스티커를 이용한 열의 대류 관찰하기

시온스티커의 색 변화를 통해 대류가 일어나는 과정을 눈으로 볼 수 있는 방법도 있어요. 뜨거워진 공기나 물 분자가 가벼워져서 위로 올라가는 현상인 대류를 눈으로 확인해보는 실험이지요. 온도가 달라지면 색이 달라지는 시온물감 또는 시온스티커가 있는데 이를 이용합니다. 시온물감으로 하게 되면 사용한 후에 처리가 불편하지만 시온스티커로 실험하는 것은 간편합니다. 시온스티커에서는 저온에서 색이 변화하는 것과 고온에서 변화하는 것 등 다양한 것이 있는데 대류 실험에는 고온 스티커를 사용하는 것이 편리해요.

시온스티커를 시험관 길이만큼 길게 잘라 물을 담은 시험관 안에 꽂아 넣어요.

시험관의 아래 부분에 열을 가하면 아래에서부터 위로 차례차례 스티커의 색이 변화합니다. 그러나 시험관의 중간에 열을 가하게 되면 아래쪽으로는 열이 전달되지 않고 위로만 열이 이동해요. 그래서 위쪽으로만 시온스티커의 색이 변합니다.

시온스티커

시온스티커를 길게 잘라 시험관 안에 넣어요. 물을 끓임에 따라 시온스티커의 색이 변해요.

알코올 램프의 열이 위로만 이동하는 것을 색이 변하는 것을 보고 알 수 있어요.

시온온도계는 온도에 따라 분자의 구조가 달라지거나 분자들의 배열 방법이 달라지는 성질을 이용합니다. 예를 들어 온도가 높아지면 특정한 화학 결합이 끊어지고 온도가 낮아지면 끊어졌던 화학 결합이 다시 이어지면서 물질에 따라 다른 색을 띠게 되는 원리이지요.

온도에 따라 색이 변하는 시온온도계를 사용하여 프라이팬, 캔, 맥주 등의 온도를 쉽게 측정할 수 있습니다. 분유나 음식의 온도를 알아볼 때 손등이나 팔의 안쪽에 떨어뜨려 보기도 합니다. 또는 피자가 올 때 따뜻할 때 배달되었다는 것을 보여주기 위하여 빨간색 시온잉크로 hot이라는 글씨가 보이게 한 것이 많습니다.

1-7. 한국 고유의 난방법, 온돌

온돌은 아궁이에 불을 때서 그 온도를 이용해 방바닥의 돌, 구들장을 달구어 방의 온도를 높여주는 난방 방식입니다. 요즘에는 이 온돌 대신 방바닥 아래에 온수 파이프를 설치해 방바닥에 온기를 전달합니다. 이 열이 전달되는 데는 열의 전도와 복사, 대류가 다 이용됩니다.

온돌의 구조부터 살펴보면 아궁이에 불을 피우면, 불의 뜨거운 연기가 좁은 부넘기를 통과해 개자리에 머물며 속도가 늦춰지고, 이것이 고래로 골고루 전달되어 구들장을 데우게 됩니다. 열 손실을 막기 위해서 연기가 굴뚝으로 나가기 전 또다시 고래개자리를 통과해 열기는 오래 남고 연기만 빠져나가도록 되어 있답니다. 또한 방 전체의 온도를 맞추기 위해 아랫목에는 두꺼운 돌을 깔고 윗목에는 그보다 얇은 돌을 놓는답니다. 그래서 골고루 오래도록 따뜻한 열기를 유지할 수 있습니다.

불을 땔 때 나오는 더운 기운이 부넘기를 지나 방 밑의 고래로 이동하는 원리는 대류, 고래로 이동한 열기가 구들장을 뜨겁게 하는 원리는 전도, 달궈진 구들장에서 방으로 열을 내보내 방 전체에 그 열을 전달하는 방법은 복사입니다. 이런 방바닥의 따뜻한 공기가 위로 올라가고 다시 위쪽 공기가 식으면 내려오는 대류현상으로 방 전체가 따뜻해지는 것이 바로 온돌의 원리입니다. 온돌의 열 전달 방식은 열 에너지가 구들에 체류하는 시간을 길게 하는 것으로 하루 종일 난방효과가 유지됩니다. 반면 서양의 벽난로는 전체 열 에너지 중에 약 5분의 1 정도만 방으로 전달됩니다. 발생한 열이 방안의 대류 이동을 통해 온도를 높이기 때문에 열 손실이 많이 발생하게 되는 것이지요. 또한 대류에 의한 열의 이동으로 바닥보다 천장의 온도가 높아집니다. 건강에는 머리는 차갑고 발이 따뜻한 온돌 난방이 더 좋지요.

1-8. 숯불구이 고기와 숯가마 찜질

열이 전달되는 방식에는 대류 이외에도 열이 중간에 아무런 물질의 도움 없이 직접 전달되는 현상인 열의 복사가 있습니다. 태양이나 난로불을 가리면 뜨거움이 줄어드는 것처럼 열원을 가리면 그 열량이 줄어들지요. 복사 방식의 열 전달은 열원에서 방사되는 열의 종류에 따라 몸에 유용한 파장의 에너지를 냅니다.

고기를 구울 때도 열원에서 나오는 뜨거운 공기로 대류에 의해서도 할 수 있고, 구이판에 올려 굽는 전도의 방식을 활용할 수도 있어요. 그러나 숯이나 연탄불에 복사 방식으로 굽는 요리가 가장 맛있지요.

특히 숯불로 구웠을 때는 열과 원적외선이 사방으로 퍼지면서 순식간에 삼겹살의 속까지 익혀줍니다. 때문에 육즙이 빠져나가지 못하므로 맛이 있는 것이지요. 단, 숯의 양이 많아야 하고 숯불과 고기의 거리가 가까워야 한답니다. 복사열은 거리가 가까울수록 강해서 제대로 된 고기 맛을 내주지요.

숯으로 만든 열은 사람 몸에도 좋은 영향을 줍니다. 숯가마 찜질은 숯가마에서 참나무를 재워 불을 피워 숯을 만드는 과정이 이루어진 후, 그 열기로 찜질을 하는 것입니다. 숯가마의 황토에서 나오는 원적외선과 참숯에서 나오는 음이온이 몸속에 침투하여 몸을 건강하게 해준다고 알려져 있지요.

숯가마에서 원적외선을 몸에 복사시키면 인체 내부에 공명진동을 일으켜 체온을 상승시키고 피가 빨리 돌게 돼요.

원적외선이란 적외선 중에서 파장이 긴 전자기파입니다. 원적외선을 몸에 복사시키게 되면 공명현상이 일어납니다. 그 결과 우리 몸을 이루고 있는 물과 단백질 분자세포들의 진동수가 증가하여 피가 빨리 돌게 되면서 체온도 올라가고 면역력도 높아집니다.

1-9. 색에 따른 복사열의 차이

복사열이란 열원이나 따뜻해진 물체에서 방출되는 열을 말합니다. 이 복사열은 옷의 색이 달라지면 흡수되는 양이 달라질까요? 겨울에는 검은색 계통의 옷을 많이 입고 여름에는 흰색 계통의 옷을 많이 입는 것을 보아도 관계가 있다는 것을 알 수 있지요. 더운 지역에 있는 건물 역시 밝은 색이 많고 흰색 차량들이 많은 것도 복사열을 적게 발생하는 게 이유입니다.

옷의 색에 따라 복사열을 흡수하는 정도를 알아보기 위해 다음 그림과 같은 실험을 해봅시다. 여러 가지 색의 옷감 아래에 온도계를 놓고 백열전구의 열을 쪼여봅니다. 백열전구는 전열기와 마찬가지로 저항체 필라멘트에 전류를 흘려주면 열이 발생하고 온도가 높아지며 백색광의 빛을 낸답니다. 그래서 태양 빛 실험에 백열전구를 많이 써요. 초기의 통제변인과 옷감의 종류에 따라 달라지겠지만 저는 검은색, 하얀색, 분홍, 빨강, 푸른색 등의 5가지 옷감으로 실험을 해본 결과 검은색이 가장 흡수가 잘 되었어요.

색깔이 다른 천 아래에 온도계를 설치해요.
여기에 태양 대신 전구로 복사열을 주어 온도가 올라가는 것을 측정합니다.

옷감의 색	온도
검은색	27.9℃
하얀색	27.8℃
분홍색	24.9℃
빨간색	24.4℃
파란색	26.4℃

처음 온도는 22℃, 20분 뒤 온도 변화를 측정한 예에요.

그러나 때로는 검은색 옷을 입어서 시원하다는 경우도 있습니다. 검은색은 태양에서 나오는 태양복사열을 잘 흡수하지만 몸에서 나오는 에너지도 흡수합니다. 열은 태양에서만 흡수되는 것이 아니라 사람 자신의 땀나는 신체에서도 나오는 것이지요. 즉, 옷을 헐렁하게 입으면 흡수한 열을 빨리 방출할 수 있어 시원하답니다.

같은 조건이라면 흰색은 에너지를 검은색보다 상대적으로 덜 흡수해 그만큼 더 시원할 것입니다. 짧은 파장을 반사시킬 때 나타나는 보라, 파랑은 에너지 흡수율이 그만큼 낮고 빨간색은 에너지 흡수율이 높습니다. 따라서 겨울철에는 검은색 옷을 주로 입고 여름철에는 흰색으로 된 옷을 많이 입는답니다.

건물의 색과 복사열과는 어떤 관계가 있을까요?

검은색과 흰색으로만 칠한 캔 두 개를 가지고 간단하게 실험을 해보아도 좋아요. 캔은 복사된 열을 흡수하여 안에 있는 온도계에 열을 빨리 전달합니다. 온도를 측정해보면 검은색에서 온도가 빨리 올라가는 것을 볼 수 있습니다.

그러한 성질을 이용한 장치로 라디오미터가 있어요. 라디오미터는 에너지를 회전 에너지로 바꾸어 주는 장치로, 검은 면과 흰 면이 상대적으로 빛을 흡수하는 정도가 달라서 검은 면 쪽이 더 뜨거워지고 흰 면은 상대적으로 차가워지지요. 공기의 운동에 따라 기압 차이가 나고 그 힘에 의해 바람개비가 돌아가요. 복사에너지의 양이 다름에 따라 돌아가는 정도가 다르므로 복사에너지나 조명도의 세기를 측정할 수 있어요.

복사에너지의 양이 색에 따라 어떤 관계가 있는지를 주변의 여러 가지 물체를 이용하여 실험할 수 있습니다. 색깔이 다르게 칠한 캔, 색깔 찰흙, 색깔 모래 들을 이용하여 실험해볼 수 있어요.

준비하기 편리한 실험도구를 햇빛이 잘 드는 베란다에 놓고 시간에 따라 온도가 변화하는 정도를 측정하여 색에 따른 복사에너지 흡수량을 알아보아요.

다른 색으로 칠해진 캔과, 동일한 종류의 온도계를 8개 준비해요.
검은색이나 어두운 색 계통이 온도 변화가 높고 흰색이나 밝은 색 계통이 온도 변화가 작아요.

색 모래 ——

같은 모양의 용기에 색 모래(또는 찰흙을 씌워도 돼요.)를 넣어 온도 변화를 살핍니다.

　　실험 결과 흰색 모래와 흰색 찰흙에 넣어둔 온도계는 태양열을 반사해 온도가 낮고 검정색 모래와 찰흙에 넣어둔 온도계가 태양열을 가장 많이 흡수해 온도가 가장 높아요. 빛을 받아들이는 재료가 찰흙, 모래, 캔에 칠해진 페인트의 종류에 따라 온도가 올라가는 비율은 조금 달라지지만 흡수율의 크기는 검은색, 빨간색, 파란색, 흰색 순인 것을 볼 수 있어요. 그런데 여기서 특이한 것은 따뜻한 색으로 생각한 빨강, 주황, 노랑색의 찰흙을 씌운 온도계가 초록, 파랑, 보라색의 찰흙을 씌운 온도계보다 높은 온도를 나타낸다는 것입니다. 공기 중에 놓은 온도계가 흰색이나 붉은색 안에 있는 온도보다 오히려 더 높게 나타남을 볼 수 있어요.

　　즉, 복사에너지는 물체의 색깔에 따라 받아들이는 정도가 다릅니다. 검은색 물체는 복사에너지를 잘 받아들이고, 흰색 물체는 잘 받아들이지 못합니다. 건물의 색에 따라 다른 태양 복사에너지 흡수율을 이용하면 에너지를 효율적으로 쓸 수 있습니다.

1-10. 물체의 온도를 유지하는 방법 찾아보기

온도를 변화시키는 것은 열. 그 열이 이동하는 길을 막게 되면 물체의 온도를 유지할 수 있어요. 보온병이 열의 이동 방법인 전도, 대류, 복사의 세 가지를 막는 방법을 알아보아요.

첫째, 복사열을 막기 위해 보온병 등의 내부에 거울처럼 매끈한 반사면을 붙였습니다. 둘째, 대류를 막기 위해서 보온병의 구조를 이중 구조로 만듭니다. 그리고 안쪽과 바깥쪽 사이의 공기를 진공으로 만듭니다. 그러면 안쪽과 바깥쪽 사이에 일어나는 대류로 인한 열 전달을 막을 수 있습니다. 마지막으로 전도를 막기 위해서는 열전도율이 가장 낮은 물체인 유리를 사용합니다.

정리하면 유리로 병을 이중으로 만들고 그 사이를 진공으로 하였으며 안쪽은 각각 거울처럼 만들었습니다.

보온병은 왜 원통 모양일까요? 같은 넓이일 때, 사각 기둥 모양의 병은 열이 벽에 노출되는 표면적이 많고, 모서리에도 열을 뺏기기가 쉽습니다. 하지만 원통 모양 병은 열이 벽에 노출되는 표면적이 작아서 열 손실이 적게 되는 것입니다.

액체나 기체에서는 열전도가 매우 느리고 효율적이지 못합니다. 고체로 된 물체 사이에 기체나 액체를 많이 넣어 전도가 일어나지 않게 합니다. 이중벽으로 된 보온병이 보온이 잘 되는 것은 내복이나 옷을 껴입는 것과 같아요. 정지 상태의 공기를 입는 것과 같습니다. 옷 감 부피의 60-90%는 공기가 차지하고 있는데 옷과 옷 사이의 공기까지 포함하면 이 비율이 늘어납니다.

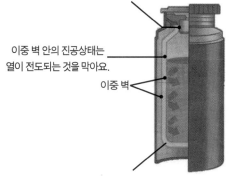

내부 깊숙이 들어간 뚜껑은 병 속 깊이 들어가 있어
열이 대류현상으로 밖으로 빠져나가는 것을 막아요.

이중 벽 안의 진공상태는
열이 전도되는 것을 막아요.

이중 벽

은도금을 한 유리 벽은 복사에 의한 열 손실을 막아줘요.
내용물의 복사열이 반사되어 내부로 보내줍니다.

알루미늄 판

열이 발생하는 히터 뒷면은 반사경 또는 알루미늄으로
이루어져 있습니다.

그리고 은도금을 한 유리벽이 복사열을 반사한다는 것은 전열기의 안쪽에 있는 반사경이 전열기의 열이 뒷면으로 퍼져나가 손실되는 것을 막는 것과 같습니다.

열의 이동 또는 차단 방법에 따라 에너지를 효율적으로 활용할 수 있게 됩니다. 보온병의 원리는 단열이 잘 되는 주택 건설에도 적용이 돼요.

건축물은 다양한 부위를 통해 열을 빼앗깁니다. 벽체에서 25%, 바닥과 기초 재질을 통해 15%, 문에서 15%, 그리고 창을 통해 약 10% 정도의 열을 빼앗긴다고 합니다. 그중 지붕은 열손실이 가장 많이 일어나는 곳으로 35% 정도의 열을 빼앗긴대요. 공기가 따뜻해지면 위로 상승하는 대류의 원리 때문입니다. 난방비를 절약하려면 건축물을 지을 때는 단열 시공에 가장 신경을 써야 하겠네요.

최근에는 단열뿐 아니라 차열에도 신경을 쓰고 있어요. 단열이란 열의 이동을 차단하여 열을 뺏기지 않도록 하는 것이라면 차열이란 열을 반사함으로써 여름철에 외부의 열기가 안으로 들어오지 않도록 열 흡수를 차단하는 것입니다.

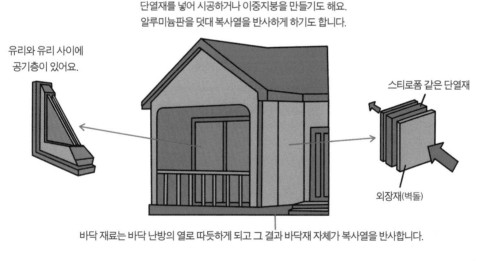

단열재를 넣어 시공하거나 이중지붕을 만들기도 해요.
알루미늄판을 덧대 복사열을 반사하게 하기도 합니다.

유리와 유리 사이에 공기층이 있어요.

스티로폼 같은 단열재

외장재(벽돌)

바닥 재료는 바닥 난방의 열로 따뜻하게 되고 그 결과 바닥재 자체가 복사열을 반사합니다.

바닥재
모르터
온수파이프(열원)
기포콘크리트
단열재

단열재는 열이 아래로 흘러가는 것을 차단합니다.

단열재는 열전도율이 낮은 재료로 열이 통과하기 어려운 재료를 의미합니다. 단열재로는 열전도 단열재(부피 단열재)와 열복사 단열재(반사 단열재)가 있어요.

스티로폼은 대표적인 부피 단열재입니다. 열전도란 온도 차가 각기 다른 물체끼리 닿았을 때 열평형이 이뤄지면서 일어나는 열 전달 현상을 말하는데 열 차단을 잘하는 어두운 색의 바닥재, 이중 유리 속의 공기층 등을 예로 들 수 있어요.

스티로폼 단열재는 단열 효과가 뛰어나고 시공비가 저렴한 데다 시공이 편해 공기를 단축할 수 있다는 장점이 있습니다. 그러나 화재가 일어났을 때 불쏘시개 역할을 하여 불이 빠르게 확산되고 유독가스를 발생시킨다는 치명적인 단점이 있습니다.

열의 반사를 이용한 차열 방법에는 알루미늄판을 사용하는 방법이 있습니다. 사람들이 쉽게 생각하고 지나칠 수 있는 천장의 알루미늄판을 덧대 복사열을 반사하게 하는 방법입니다. 열을 차단시키는 데 공기층이 없으면 오히려 반사 단열재의 금속 성분이 열전도를 일으켜 단열 효과를 감소시킬 수 있습니다.

유리온실 안이나 지붕 안쪽에 알루미늄판을 덧대는 이유는 앞에서 말했던 초콜릿 포장을 할 때 안쪽 부분에 알루미늄 포장을 하는 것과 같은 원리입니다.

■ 열의 이동을 알아보기에서 질문하기

1. 음식의 종류에 따라 담는 그릇 종류를 달리하는 이유는 무엇일까요?

2. 음식물을 빨리 끓여야 하거나 천천히 끓여야 하는 경우 각각 어떤 조리기구를 써야 할까요?

   (주전자, 냄비, 오븐용 장갑, 뚝배기 중)

3. 반도체 부품들을 열에서 보호하기 위한 방법에는 어떤 것이 있을까요?

4. 난방기구와 냉방기구를 설치할 때 에너지를 효율적으로 쓰기 위해서는 어떤 위치에 놓아야

   할까요?

■ 온돌의 원리에 대한 질문하기

1. 아궁이에서 불을 지필 때 불의 뜨거운 연기가 좁은 부넘기를 통과할 수 있는 원리는 무엇일까요?

2. 구들에서 방으로 열이 전달되는 과정은 어떻게 일어날까요? 방바닥 아래 구들장으로 열이 전달

   되는 원리와 방 전체에 그 열이 전달되는 방법은 같을까요?

3. 서양의 난방 방식과 어떤 점이 다르고 장점이 뭘까요?

■ 복사 실험에 대해 질문하기

1. 여름과 겨울에 즐겨 입는 옷 색깔이 같은가요? 다르다면 그 이유는 무엇일까요?

2. 건물의 색과 복사열과는 어떤 관계가 있을까요?

■ 물체의 온도를 유지하는 방법 찾아보기

1. 보온병의 재질은 한 가지 물질로 이루어져 있나요? 아니면 각각의 부위에 따라 다른 재질로 한

   이유가 무엇일까요?

2. 단열과 차열이 잘되기 위한 주택을 만들기 위해서는 어떤 재료로 건축을 할까요?

^{2장} 적정기술에 의한 냉장고에서 바이메탈 원리까지

    화력발전이란 석탄을 비롯한 화석연료를 보일러에서 연소시켜 물을 가열하여 만들어진 증기의 힘으로 전기를 생산하는 것입니다. 물을 끓여 증기가 되면 높은 운동 에너지를 얻게 되는데 그 증기로 터빈을 돌리는 것입니다. 2장에서는 화력발전에 대해 알아보기 전에 물질의 상태 변화 과정에서의 부피 변화와 열의 출입에 대해 탐구해보고자 합니다.

    물질을 이루는 분자들은 끊임없이 움직이고 있습니다. 이 분자들의 운동에 따라 물질은 고체, 액체, 기체의 세 가지 형태를 띱니다. 고체는 일정한 모양을 가지고 있는 것으로 분자 간 거리가 가까워 힘을 가해도 부피나 모양이 일정한 형태를 유지합니다. 여기에 열을 가하면 분자 간 거리가 조금씩 멀어져서 액체, 기체의 상태로 변화합니다.

    얼음에 열을 가하면 물로, 물에 열을 가하면 수증기로 변화합니다. 거꾸로 열을 뺏기면 수증기는 물이, 물은 얼음이 됩니다. 이 과정에서 분자들의 움직임을 알아봐요. 분자들의 움직임에 의해 부피가 늘어나고 줄어드는 열 팽창과 열 수축을 볼 수 있습니다. 그리고 물질의 상태 변화를 이용하여 냉방과 난방, 바이메탈 원리를 알아보아요.

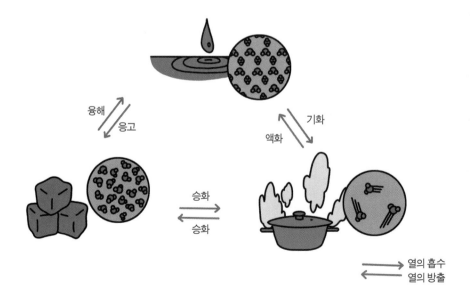

2-1. 적정기술에 의한 도자기 냉장고

에어컨이나 냉장고 같은 경우는 액체 냉매가 기체 냉매로 변화하면서 열을 뺏는 것입니다. 스팀 난방기의 경우는 보일러에서 연료를 태워 수증기를 만들고, 이 수증기는 관을 따라 건물 내부로 보내지는 것입니다. 건물 내부의 방열기에서 수증기는 액체인 물로 상태가 변하면서 액화열을 방출합니다.

이러한 상태 변화를 위해 전기 에너지를 이용하는데 나이지리아 농촌 같은 곳에서는 전기 에너지가 부족합니다. 그래서 전기를 직접 사용하기보다는 자연 속에서 일어나는 물질의 상태 변화를 이용하여 열을 사용합니다. 우리에게는 다소 먼 이야기로 느껴지기도 하지요? 하지만 지속가능한 발전, 즉 환경 문제까지 고려한 발전을 생각한다면 그 지역 사정에 의해 필요한 역량이 강화될 수 있는 탐구가 필요하겠지요?

적정기술이란 저개발국, 저소득층의 삶의 질 향상과 빈곤 퇴치 등을 위해 유용하게 사용될 수 있도록 개발된 기술로, 환경 문제에 대한 대안을 강조하는 지속가능한 기술인 대안기술과 유사한 개념이라고 알려져 있습니다. 적정기술은 일반적으로 작은 규모로, 에너지 활용이 효율적이고, 환경적으로 건전하며, 노동 집약적이고, 지역 공동체가 통제할 수 있는 기술이라고 설명됩니다. 또 다르게는 지역의 재료를 이용하고, 보통 사람들이 살 수 있을 정도의 가격에, 인간 사회와 환경에 미치는 해로움을 최소화하는 방식으로 만들 수 있는 기술이라고 설명할 수 있습니다.

그중 하나인 도자기 냉장고는 물질의 변화를 이용한 것으로, 물이 수증기로 증발할 때 작은 항아리 내부의 열을 흡수하는 성질을 이용한 냉장고입니다. 이런 성질을 이용해 채소와 과일을 신선하게 유지시킬 수 있는 것이지요.

나이지리아의 농촌에서는 운송수단과 물, 전기가 없는 것도 문제이지만, 가장 큰 문제 중의 하나는 곡물을 저장하는 것이었습니다. 그런데 도자기 냉장고는 상온에서 2~3일 밖에 저장하지 못하는 토마토를 3주 동안 신선하게 보관할 수 있습니다. 신선한 생산품을 시장에 내다 팔 수 있고, 농부들은 더 많은 수익을 올릴 수 있게 되었습니다.

도자기 냉장고는 크고 작은 두 개의 항아리로 구성되어 있습니다. 작은 항아리가 큰 항아리 속에 일정한 공간을 두고 들어가 있는데 두 항아리 사이는 모래와 물이 채워져 있습니다. 항아리 사이에 있는 모래가 습기를 유지할 수 있도록 하루에 두 번씩 물을 부어주면 됩니다.

고체에서 액체, 액체에서 기체로 갈 때 분자운동이 활발해져서 많은 에너지가 필요하므로 주변에서 열을 흡수하게 됩니다. 분자운동이 활발해지기 위해서는 에너지가 필요한 것이라 할 수 있지요.

2-2. 열과 온도

열을 받으면 분자들의 운동 에너지가 변화합니다. 이 운동 에너지에 의해 물체가 뜨겁고 차가운 정도가 생기는데 이를 온도라 하지요. 우리는 온도를 어떻게 정확하게 측정할 수 있을까요? 이러한 질문은 매우 단순해 보이지만 18세기와 19세기에는 가장 저명한 과학자들조차 대답하기 쉽지 않았습니다. 온도를 재기 위한 고정점을 어떻게 측정할 것일까? 하는 것도 쉽지 않았습니다. 끓는점을 확정하려면 압력을 비롯한 다양한 요인이 작용하기 때문입니다.

갈릴레오 갈릴레이는 공기가 팽창하고 수축한다는 사실을 알고 있었습니다. 그는 1593년 원시적인 형태의 온도계(물에 담가놓는 원통형 튜브)를 발명했는데 온도가 증가할수록 부피가 더 증가하게 된다는 것에 착안해 온도 측정의 아이디어를 얻은 것입니다. 현재 우리 일상 생활에서도 물질이 열을 얻으면 부피나 길이가 늘어나고 열을 잃으면 부피나 길이가 줄어드는 원리를 이용한 열팽창 온도계가 많이 쓰입니다.

기체의 열팽창을 이용한 공기 온도계, 액체의 열팽창을 이용한 수은 온도계, 적외선 파장을 분석하여 측정하는 적외선 온도계 등 여러 가지가 있어요.

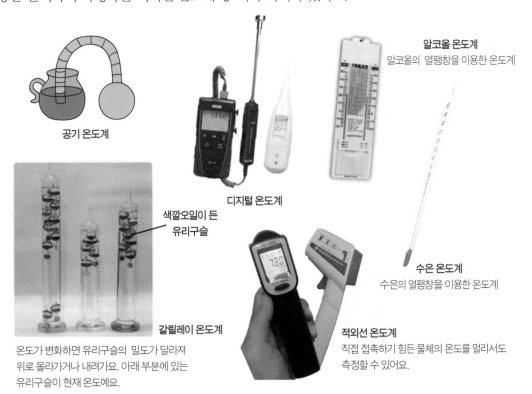

공기 온도계

디지털 온도계

색깔오일이 든
유리구슬

갈릴레이 온도계
온도가 변화하면 유리구슬의 밀도가 달라져
위로 올라가거나 내려가요. 아래 부분에 있는
유리구슬이 현재 온도예요.

적외선 온도계
직접 접촉하기 힘든 물체의 온도를 멀리서도
측정할 수 있어요.

알코올 온도계
알코올의 열팽창을 이용한 온도계

수은 온도계
수은의 열팽창을 이용한 온도계

2-3. 빨대온도계 만들기

온도계는 온도에 따라 액체의 부피가 변하는 성질을 이용하여 만든 것입니다. 온도가 변화하면 기체나 액체, 고체 상태에서 모두 부피가 변화합니다. 온도가 높아지면 부피가 늘어나는 정도를 눈금으로 표시하면 온도를 측정할 수 있습니다.

작은 약병 또는 필름 통을 이용하여 빨대 온도계를 만들어봅시다.

약병 안 물의 부피가 늘어나고 줄어드는 것을 보기 편리하도록 색소와 굵기가 작은 빨대, 공기가 새지 않도록 막아줄 찰흙을 준비합니다. 온도가 다른 물을 준비하기 위해 포트를 이용하는 것도 좋겠습니다.

약병에 색소가 든 물을 넣고 그 약병 안에 물이 빨려 올라갈 수 있도록 빨대를 병 안에 넣고 찰흙으로 고정시킵니다. 눈금이 올라가는 정도를 알아볼 수 있도록 눈금을 그려서 빨대 옆에 고정시키거나 그 안에 빨대를 끼웁니다.

완성된 빨대 온도계를 뜨거운 물에 넣어보고 얼음물에 넣어보아서 변화하는 정도를 알아봅니다.

작은 약병에 물을 반쯤 넣고 색소를 넣습니다.

종이에 온도계 눈금을 그려준 후 빨대를 넣어요.

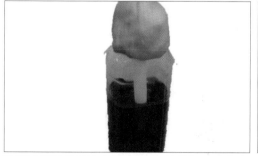
빨대를 투약 병에 넣은 후 틈이 생기지 않도록 찰흙으로 투약 병 입구와 빨대를 고정시켜 줍니다.

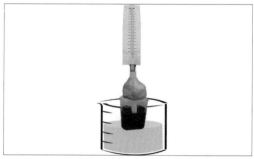
끓는 물에 넣으면 병 안의 공기가 팽창하여 물을 밀어내요.

만들어진 빨대 온도계를 사용하여 뜨거운 물과 얼음 물에 넣어봅시다. 색소가 든 물이 올라오는 정도가 달라지는 것을 볼 수 있어요. 뜨거운 물에 넣은 빨대 온도계의 공기가 팽창하는 정도가 커져서 물이 더 높이 올라갑니다.

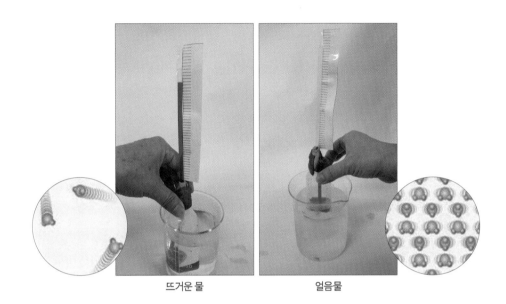

뜨거운 물　　　　　　　　얼음물

온도 중 물이 끓고 어는점을 기준으로 하여 100등분한 온도를 섭씨온도, 180등분한 온도가 화씨온도예요. 물이 어는점은 섭씨온도로는 0℃, 화씨온도로는 32℉, 캘빈온도로는 273k(273.15k), 물이 끓는점을 섭씨온도로는 100℃, 화씨온도로는 212℉, 캘빈온도로는 373k(373.15k)입니다.

온도가 올라가면 분자운동이 활발해지면서 부피가 팽창합니다.

일반적으로 고체에서 액체로 변화할 때는 부피는 약 1% 정도 늘어나지만 액체에서 기체로 변화할 때는 수백, 수천 배의 부피 변화가 있습니다. 다만, 물의 경우에는 예외적으로 액체일 때가 부피가 가장 작습니다. 즉, 물 1cm³가 얼음으로 되는 경우 부피는 약 1.1cm³가 되지만 물이 기체로 되는 경우 약 1700배로 됩니다.

물질 사이의 인력이 클수록 온도 변화에 따라 부피가 잘 변하지 않는데 물질 사이의 인력이 고체, 액체, 기체 순으로 크기 때문입니다.

2-4. 물질마다 다른 열팽창 정도

물질에 따라 분자의 크기나 결합 상태가 다르기 때문에 열팽창 정도가 다릅니다. 자전거 도로는 물론 다리나 기차 레일에도 중간중간 조금씩 띄운 이음새를 둔다든지, 여름철에 전기줄이 늘어난다든지 하는 것들은 열팽창이 그 이유이지요.

물질에 따라 기체, 액체, 고체의 순으로 열팽창이 잘 됩니다. 같은 고체라도 물질의 종류에 따라 다릅니다. 고체의 열팽창 정도는 은, 구리, 금, 철, 유리, 콘크리트의 순이에요. 이러한 열팽창의 차이는 우리 생활 곳곳에서 이용됩니다.

유리병의 금속 뚜껑이 잘 안 열릴 때 뚜껑에 뜨거운 물을 흘려주면 금속으로 된 뚜껑이 더 잘 늘어나므로 쉽게 열립니다. 금속이 열팽창을 하는 성질을 이용하여 바퀴살이 빠지지 않도록 금속 테를 두르지요. 또 포도주를 담는 나무 통을 만들 때도 금속테를 가열하여 끼운 후 온도가 낮아지면 수축하면서 단단히 조이게 합니다. 전자레인지에 돌림판으로 사용하는 유리는 열팽창 정도가 적은 내열유리를 써서 잘 깨지지 않도록 하고요.

건물을 지을 때 사용하는 콘크리트의 경우, 옆으로 가해지는 힘이나 당기는 힘에는 약해요. 이를 보완하기 위해서는 철을 넣지요. 철은 강도가 높고 값이 싸며, 콘크리트와 열팽창 계수가 비슷해서 콘크리트 속에 철근을 충분히 넣으면 외부에서 작용하는 힘을 잘 견딜 수 있습니다. 우리 생활 속에서는 열팽창의 원리를 이용한 것들이 많아요.

유리병의 금속 뚜껑을 열 때
뚜껑에 뜨거운 물을 흘려 주면 잘 열려요.

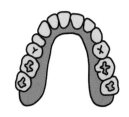

치아에 덮는 금은
치아와 열팽창 정도가 비슷해요.

가열되어 팽창된 금속 바퀴 테가 식으면서
나무 바퀴 테를 조여줍니다.

철은 열팽창계수가 콘크리트와 비슷합니다.
콘크리트 속에 철을 넣고 공사를 하면 강도가 커요.

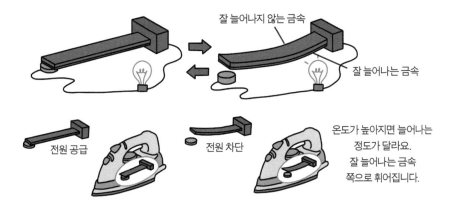

잘 늘어나지 않는 금속

잘 늘어나는 금속

전원 공급

전원 차단

온도가 높아지면 늘어나는
정도가 달라요.
잘 늘어나는 금속
쪽으로 휘어집니다.

자동으로 전류를 흐르게 하거나 끊을 수 있는 누전차단기나 온도조절기 등에 사용하는 바이메탈 원리에도 열팽창의 원리가 이용됩니다.

바이메탈이란 열팽창 정도가 큰 금속과 작은 금속을 접합하여 만든 것으로 열이 발생할 경우, 열팽창 정도가 작은 금속(잘 늘어나지 않는 금속) 쪽으로 휘어지는 성질을 갖습니다. 이러한 바이메탈의 원리로 전기다리미, 에어컨, 냉장고 등에 과도한 전류가 흐르면 회로가 끊기게 됩니다. 물체에 전류가 통하면 열이 발생하고 일정 온도 이상으로 올라가면 바이메탈이 휘어지면서 회로가 끊기는 것입니다.

금속이 열팽창하는 정도를 열팽창계수라 하는데 이 열팽창계수를 고려하여 건물을 짓거나 물건을 제작하여야 합니다. 파리의 에펠탑의 경우, 태양 빛이 강렬한 여름이면 열팽창으로 늘어나 탑의 꼭대기 부분이 태양 반대편으로 18cm까지 기울어지기도 한다고 합니다. 높이가 320m인 파리의 에펠탑은 철로 만들어져 있는데 철은 온도가 1℃ 오를 때마다 그 길이가 0.001cm 정도씩 늘어나기 때문입니다.

충치가 생기면 썩은 부분을 갈아내고 다른 재료로 치아를 덮어 더 이상 이물질이 들어가지 못하도록 하여야 합니다. 이때도 치아와 유사한 열팽창 정도를 가진 물질을 사용해야 합니다. 열팽창 정도가 치아와 많이 다른 재료를 충치 보충재로 사용하면 뜨거운 음식에서 차가운 음식으로 다양한 음식을 섭취할 때마다 열팽창이 반복되면서 열팽창 정도의 차이에 의해 이와 보충재 사이에 미세한 틈이 생기게 됩니다. 값이 비싸더라도 보충재로 금을 많이 사용하는 이유는 금이 치아와 유사한 열팽창 정도를 가진 물질이기 때문이랍니다.

치아의 열팽창계수(10-6/℃)가 11.4, 금이 13.0인데 반해 아말감은 22~28, 레진은 26~60의 열팽창률을 보인답니다.

2-5. 액체나 기체의 경우에도 팽창이 일어날까요?

물질의 온도가 높아지면 분자들의 운동이 활발해져 분자와 분자 사이의 간격이 멀어집니다. 당연히 부피가 증가하게 됩니다. 액체를 구성하는 분자들이 고체를 구성하는 분자들보다 더 자유롭게 움직이기 때문에 온도가 변하는 정도가 같을 경우 기체가 액체보다, 액체가 고체보다 열팽창 정도가 더 큽니다. 액체의 열팽창률이 고체의 열팽창률보다 대략 10배 정도 더 크다고 알려져 있습니다.

여름철이 되면 겨울철에 비해 해수면이 상승하게 되는데, 이것은 바닷물의 온도가 올라가면서 부피가 팽창하기 때문입니다. 이렇듯 온도 변화에 따라 액체가 열팽창하는 성질을 이용하여 알코올 온도계 또는 수은 온도계를 만들 수 있습니다.

액체의 종류에 따라서도 그 열팽창률은 다릅니다. 물은 4℃ 이상에서는 온도가 올라갈 때 부피가 팽창하지만, 4℃ 이하에서는 온도가 내려갈 때 부피가 팽창합니다. 겨울에 수도관이 터지는 경우를 보아도 알 수 있습니다. 이것은 물이 얼음이 될 때 분자 배열이 달라지기 때문입니다. 물이 액체 상태일 때는 물 분자가 불규칙적으로 존재하는데, 물이 고체 상태인 얼음이 되면, 물 분자들이 규칙적으로 배열돼요. 이때 물 분자들 사이의 공간이 불규칙하게 존재할 때보다 더 넓어지고 액체 상태일 때보다 부피가 늘어나면서 밀도가 작아집니다.

물이 얼기 전에 부피가 늘어나는 이러한 성질은 자연의 생태계를 지켜주는 중요한 역할을 합니다. 0℃가 되어 물이 얼게 되면 4℃의 물보다 밀도가 작아져 아래로 내려오지 못하고 호수의 표면에서 얼음으로 상태 변화하게 돼요. 얼음은 보온병 역할을 해주면서 강 밑바닥에 밀도가 가장 큰 상태인 4℃의 물이 내려와 있으므로 물고기가 살 수 있어요.

기체의 경우에는 액체보다 부피 변화가 더 큽니다. 더운 여름에는 타이어 공기가 팽창하기 때문에 바람을 조금 덜 넣어야 하고, 겨울에는 타이어 공기가 수축하기 때문에 바람을 더 넣어야 하는 것도 이러한 이유 때문입니다.

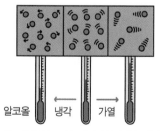

알코올 ← 냉각 → 가열

알코올은 온도가 높아지면 부피가 늘어나요.

얼음

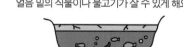

호수는 물의 표면부터 얼기 시작하고 열을 전달하지 않아 얼음 밑의 식물이나 물고기가 살 수 있게 해요.

물을 냉동실에 넣었더니 위부터 얼어요.
물은 4℃보다 온도가 낮아지면 부피가 늘어나요.
즉, 밀도가 작아져 위로 떠요.

2-6. 열 에너지를 흡수하는 상태 변화

분자 운동에는 에너지가 필요하다는 것을 알 수 있었습니다. 즉, 고체, 액체, 기체 상태로 변화하는 데는 열의 출입이 있다는 것을 알 수 있어요. 열 에너지를 흡수하는 상태 변화부터 알아보아요.

에너지는 눈에 보이지도 손에 잡히지도 않아서 느끼거나 측정하기도 어렵습니다. 그런데 에너지를 흡수하면 상태가 변화합니다. 그중 열 에너지를 흡수하는 상태 변화에는 고체에서 액체로 갈 때, 액체에서 기체로 변화할 때 분자운동 에너지가 더 필요하므로 에너지를 흡수하게 됩니다. 우리 주변에는 이런 현상이 많이 있습니다.

수영을 한 후 문 밖으로 나오면 추위를 느끼는 것, 주사 맞을 때 알코올을 바르면 시원하게 느껴지는 것은 액체가 기체로 변화하는 현상 때문인데 이를 기화라고 해요. 이러한 상태 변화는 분자운동이 더 활발해지게 되므로 에너지를 흡수합니다. 그리고, 생선 가게에 가면 생선 밑에 얼음을 깔아놓은 것을 볼 수 있어요. 이것은 고체 상태의 얼음에서 물로 변화하는 융해 현상에도 에너지를 흡수하기 때문에 차가운 온도를 유지하게 하는 것이지요. 아이스크림을 드라이아이스와 함께 보관하면 열을 흡수하면서 아이스크림이 녹지 않게 되는 것이지요. 어떤 상태 변화가 있었나요? 드라이아이스가 고체에서 기체로 변화하는 현상을 승화라고 합니다.

더운 여름날 시원한 음료수를 찾게 됩니다. 냉장고에 넣어놓지 않아 시원하지 않은 경우 빨리 시원하게 할 수 있는 방법에는 어떤 것이 있을까요? 기화가 빨리 일어날 수 있는 조건을 찾아보면 되겠지요.

젖은 휴지로 캔이나 음료수를 감쌉니다.

젖은 휴지로 감싼 음료수를 선풍기 바람을 쏘이면 온도가 금방 내려갑니다.

젖은 휴지로 감싼 캔이나 음료수를 냉동실에 10분 정도 넣어두면 금방 차가워져요.

2-7. 불을 붙여도 타지 않는 돈 마술

물질의 상태 변화에 필요한 열을 이용하여 종이에 불을 붙여도 타지 않는 마술을 해볼 수 있어요. 종이돈과 핀셋, 아세톤, 물을 준비합니다.

"내가 이 돈에 불을 붙여도 이 돈은 타지 않아요." 라고 말하면서 시작합니다.

종이돈을 핀셋으로 잡기 좋도록 잘 접어서 물에 흠뻑 적시세요. 그리고 아세톤을 종이 돈의 끝 부분에 묻히세요. 여기에 불을 붙입니다. 이때 종이돈을 위로 해서 불을 붙이도록 하세요. 아세톤을 묻힌 만큼 연소되고 꺼질 것입니다.

어떤 물건을 태우기 위해서는 탈 물질과 산소가 있어야 하고, 불이 붙을 수 있는 온도(발화점)도 유지되어야 합니다. 여기에서는 탈 물건인 종이돈이 있고, 주변에 산소도 있지만 종이돈이 물에 젖어 있기 때문에 아세톤에 불을 붙여도 불이 붙을 수 있는 충분한 온도가 만들어지지 않아 타지 않는 종이돈이 만들어진 것이랍니다.

즉, 열을 가하면 물이 기체로 변화하는 데 필요한 기화열로 흡수되기 때문에 종이가 타지 않는다는 것이지요.

에탄올과 물을 준비해요.

종이에 물을 흠뻑 적십니다.

종이 끝부분만 에탄올을 묻혀요.

불을 붙이면 종이나 돈에 불이 붙지만 종이가 타지 않아요.

마른 종이는 불이 잘 붙지만 젖어 있는 종이는 물기가 모두 마르기 전까지는 불이 잘 붙지 않습니다. 촛불의 열이 종이를 태우는 데 쓰이지 않고 액체에서 기체로 상태가 변화하는 데 쓰이기 때문입니다.

고체보다는 액체가, 액체보다는 기체가 분자들의 운동 에너지가 크기 때문에 상태가 변화할 때 에너지를 흡수하기 때문이랍니다. 즉, 융해, 기화, 승화할 때 에너지를 흡수합니다.

화재가 발생했을 때 젖은 수건이나 옷으로 입과 코를 막고 탈출하라고 하는데 이는 이 기화열로 수분이 열을 흡수하여 보호해주기 때문입니다. 특히 입과 코를 막아주는데 이는 뜨거운 열이 직접 폐로 들어가는 것을 막아줍니다. 물론 그 이외에도 물기가 섬유조직의 구멍을 메워 밖에서 들어오는 유독가스를 막아주고 녹여주고 물분자 속 산소 성분이 호흡을 돕기 때문입니다.

2-8. 열 에너지를 방출하는 상태 변화

고체보다는 액체가 액체보다는 기체가 에너지가 더 많아요. 그래서 기체가 액체로 변화하는 액화, 액체가 고체로 변화하는 응고, 그리고 기체가 고체로 변화하는 승화 시에는 열 에너지가 남아 방출하는 상태 변화를 하게 돼요. 즉, 액화나 응고, 그리고 승화 시에는 열 에너지를 방출하게 돼요.

열 에너지가 방출되는 상태 변화가 일어나면 주변의 온도가 높아집니다. 이글루 내부의 난방을 위해서는 불을 피우기도 하지만 이글루 내부에 계속 물을 뿌려주는 것도 방법입니다. 그러면 그 물이 얼면서 응고열을 방출한답니다.

목욕탕에서는 기체가 된 수증기가 물방울로 응결되면서 따뜻한 열기가 가득하게 되지요. 기체에서 액체로 상태 변화하면서 남는 액화열을 방출하는 것입니다. 난방기기도 기체가 액체로 변화하면서 방출되는 열을 이용하는 것입니다. 보일러에서 물을 가열하여 수증기로 만듭니다. 기화된 수증기는 열을 흡수한 상태로 보일러와 방열기 사이를 연결하고 있는 배관을 통해 이동합니다. 방열기로 이동한 수증기는 자신이 흡수한 열을 방출하면서 수증기가 물로 바뀌게 되는 것입니다.

고체를 액체로 만들기 위해서는 열을 가해주어야 하고 액체를 다시 고체로 만들기 위해서는 열을 흡수해야 합니다. 초콜릿 만들기를 통해 융해 및 응고의 변화를 둘 다 관찰할 수 있어요.

시중에 파는 초콜릿을 중탕으로 녹인 후, 코코아 가루, 아몬드와 섞어 굳히면 바로 수제 초콜릿이 되어요. 종이컵을 이용해도 편리하게 응고가 일어납니다.

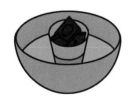

종이컵에 초콜릿 조각을 넣고
뜨거운 물에 중탕을 합니다.
고체에서 액체로 융해가 일어나요.

아몬드, 땅콩을 코코아 가루와 함께
녹인 초콜릿에 넣어주세요.

녹은 초콜릿을 틀에 넣어 식힙니다.
액체에서 고체로 응고가 돼요.
빨리 응고되도록 냉동실에 넣어도 돼요.

2-9. 얼음과자와 아이스크림 만들기(승화열 흡수)

상태 변화 시 열을 흡수하는 성질을 이용하여 얼음과자를 만들어봅시다. 드라이아이스의 승화열을 이용하여 음료수를 얼릴 수 있습니다.

일회용 장갑에 음료수를 담아 가운데 나무 젓가락을 꽂아요.

음료수가 든 일회용 장갑을 드라이아이스가 든 에탄올에 넣으면 아이스 바가 됩니다.

드라이아이스는 이산화탄소를 압축하고 냉각하여 만든 흰색의 고체예요. 공기 중에서 승화하여 기체가 되기 쉬운 승화성 물질이지요. 드라이아이스는 온도가 매우 낮기 때문에 냉동식품을 보관할 때 사용해요. 고체에서 기체 상태로 변화하는 성질을 가지고 있기 때문에 영화에서 안개와 같은 효과를 낼 때에도 사용하지요. 드라이아이스는 온도가 -78.5℃까지 내려가므로 매우 차가워요. 이 드라이아이스는 상온(20℃)에서 기체로 가는 승화가 일어나요. 이때 열을 흡수하게 되지요. 이 드라이아이스에 에탄올을 섞으면 온도가 더 급격히 내려갑니다.

액체질소에 바나나를 넣어볼까요? 바로 딱딱한 물체가 됩니다. 망치처럼 못도 박을 수 있습니다. 떨어뜨리면 마치 유리조각처럼 깨지고요.

바나나를 액체질소에 넣으면 순간적으로 얼어요.

얼음이 된 바나나로 못을 박아 봅시다.

고체가 된 바나나를 바닥에 떨어뜨리면 마치 유리조각처럼 쪼개집니다.

액체질소를 이용하면 더 빨리 응고를 일으킬 수 있어요. 이를 이용해 구슬 아이스크림을 만들어 봐요. 우유에 코코아 가루를 녹인 액체를 스포이트를 이용하여 액체질소에 방울방울 떨어뜨리면 구슬 아이스크림이 만들어져요.

일회용 스포이트로 우유를 떨어뜨립니다.

거름망으로 고체가 된 우유구슬을 건집니다.

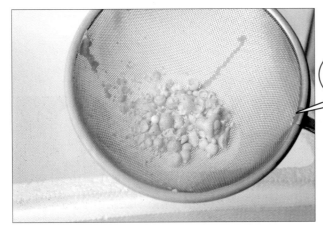

만들어진 구슬아이스크림은 바로 먹게 되면 혀에 달라붙어 다칠 수도 있어요.

2-10. 폐열의 발생과 이용

폐열(Waste Heat)이란 공장에서 나오는 연기, 에너지 생산 과정에서 발생하는 부산물 등 모든 버려지는 에너지를 말합니다. 석탄화력발전소에서 폐열로 버려지는 에너지 양은 우리나라가 쓰는 전체 에너지의 8.6% 정도 된다고 합니다.(2011년 기준)

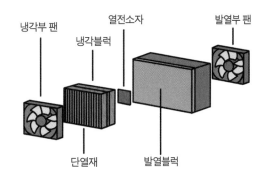

냉각부 팬　냉각블럭　열전소자　발열부 팬
단열재　발열블럭

원자력발전소를 합치면 12%를 넘을 것입니다. 폐열은 생산된 에너지가 버려지는 것이기 때문에 석탄, 석유 등의 유한한 에너지를 낭비하게 됩니다.

발전소는 보통 바닷가에 위치해 있습니다. 발전소 폐열을 바닷물 냉각수에 실어 온배수로 버리기 위해서입니다. 서해 해안가에 자리 잡은 충남 당진 화력발전소엔 50만kW급 석탄발전소 8기가 가동 중인데 시간당 50만 톤(초당 139톤)의 온배수가 배출되고 있습니다.(2014년 기준) 냉각수로 들어온 바닷물은 7℃ 정도 데워진 후 다시 바다로 배출됩니다.

폐열발전이란 버려지는 공장 열을 포함하여 욕실 물이나 건물 외벽 복사열 등의 열원을 포함한 공장에서 나오는 열을 이용한 발전입니다. 수많은 자동차에서 발생하는 배기가스나 엔진의 열도 버려지지 않고 전기로 재활용할 수 있고 생산 과정에서 이산화탄소 배출이나 소음·진동이 없는 발전 방법이랍니다. 이 시스템은 두 대의 열 교환기 사이에 열전기 물질을 삽입한 형태입니다. 한쪽 열 교환기에는 배기가스, 다른 쪽에는 냉매가 들어갑니다. 열 교환기 사이에서 일어나는 온도 차이를 이용해 열전소자 물질이 전기를 생성하는 것입니다. 이런 발전소 온배수를 재활용하려는 정책이 고안되고 있어요. 온배수를 멀리 떨어진 방조제 간척 농지까지 공급하고 유리온실 영농단지를 조성해 난방용으로 쓰려는 계획을 세우고 있습니다.

시멘트 생산 과정에 나오는 고온의 가스를 열원으로 발전하는 동양시멘트 공장

비닐 온실이나 꽃이나 채소를 재배하는 데 사용하는 폐열

2-11. 열전소자로 만들어지는 전기

폐열발전이란 연료를 연소시켜 터빈을 통해 전기를 생산하고 동시에 그 폐열을 이용하는 종합적인 발전 시스템입니다. 폐열발전의 바탕이 되는 것은 열전소자입니다. 열전소자는 4장에 나오는 지열발전의 원리가 되기도 합니다.

열전소자는 한 면에 열을 가하고 반대 면을 냉각시키면 온도 차에 의해서 두 선으로 전기가 생산되게 하는 소자입니다. 열전소자의 한쪽 면에 얼음물처럼 차가운 물을, 다른 쪽 면에는 온도가 높은 물을 접촉해놓으면 전기가 생성돼요. 온도 차가 클수록 열전소자의 면적이 넓을수록 전기가 많이 생성됩니다. 열전소자의 양은 대량으로는 생산하기 어렵지만 버려지는 폐열을 이용할 수 있습니다.

열전소자는 환경에 영향을 주는 냉매를 필요 없게 하고 기존의 에어컨보다 동력을 적게 필요로 하여 연비를 개선시킬 수 있어요. 또한 압축기를 사용하지 않게 하여 무진동 무소음으로 사용에 편리함을 주고 불필요한 온도 상승 및 하락을 막아 온도 제어를 용이하게 한답니다. 열전소자는 4장에서 다룰 지열 및 버려지는 열인 폐열을 이용하여 전기 에너지를 만들 수 있게 합니다. 여기에는 제베크 효과와 펠티에 효과라는 현상을 이용합니다.

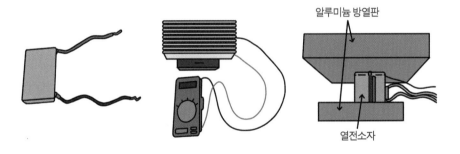

제베크 효과란 고온 부분과 저온 부분의 온도 차에 의해 발생하는 열이 이동하려는 에너지를 전기 에너지로 변환하는 것이랍니다. 이와 반대로 펠티에 효과란 전류를 가하면 한쪽 면은 온도 차가 생기는 효과입니다. 더 자세한 원리는 4장에서 알아보기로 해요.

열을 주면 분자들의 운동 에너지가 변화하고 그 에너지의 변화에 따라 부피가 변화하고 열의 출입이 있다는 것, 그리고 그 열의 출입을 이용하여 우리 생활을 편리하게 할 수 있다는 것을 알아보았습니다. 산업혁명의 시작이 되었던 증기기관 역시 이러한 열에 의한 물질의 상태 변화를 이용한 것으로 열 에너지를 운동 에너지로 바꾸는 것을 이용한 것입니다.

■ **적정기술에 의한 도자기 냉장고의 원리 알아보기**

1. 도자기 냉장고는 어떻게 구성되어 있나요?

2. 도자기 냉장고에 곡물을 저장할 수 있는 원리는 무엇일까요?

■ **빨대 온도계 만들기를 하면서 질문하기**

1. 빨대 온도계의 빨대의 굵기는 액체가 올라오는 정도와 관계가 있을까요?

2. 온도 변화에 따라 온도계의 눈금이 올라가는 이유는 무엇일까요?

■ **열팽창 및 바이메탈 원리 알아보기**

1. 생활 속에서 물질마다 열팽창률이 다른 것을 이용한 제품들은 어떤 것이 있을까요?

2. 온도가 높아지면 전원 공급이 차단되는 원리는 무엇일까요?

3. 겨울이 되면 호수 표면부터 어는 이유는 무엇일까요?

■ **열 에너지를 흡수하는 상태 변화 알아보기**

1. 음료수 캔을 빨리 차갑게 할 수 있는 방법에는 어떤 것이 있을까요?

2. '타지 않는 돈' 마술에서 돈에 불이 붙었는데 타지 않는 이유는 무엇일까요?

■ **열 에너지를 방출하는 상태 변화 알아보기**

1. 얼음 집인 이글루 안이 따뜻한 이유는 무엇일까요?

2. 에탄올에 넣은 드라이아이스로 슬러시 음료수를 만드는 원리는 무엇일까요?

3. 목욕탕의 공기가 따뜻해지는 원리는 무엇일까요?

3장 퐁퐁 증기선으로 화력발전소 탐구

석탄, 석유, 가스와 같은 화석연료를 태워서 나온 열로 전기를 만드는 방식을 화력발전이라고 합니다. 보일러에서 물을 끓여 고온 고압의 증기를 만들고, 그 증기를 여러 겹의 프로펠러 형상을 가진 터빈 내에 통과시켜 같은 축에 연결된 발전기를 회전시킴으로써 전기를 만드는 발전 방식입니다.

증기기관은 물을 끓이면 발생하는 '증기'를 이용한 열 에너지로 물체를 움직이게 하는 것으로 18세기 산업혁명 이후 공장의 기계를 돌리는 데나 기차와 같은 탈 것의 엔진으로 활용되었어요. 이 증기기관을 실용화한 사람은 영국의 뉴커먼입니다. 이 기관은 석탄을 태워 실린더를 따뜻하게 하고 안쪽 수증기를 팽창시켜 천천히 피스톤을 상승시킨 다음 실린더째로 냉수에 식혀서 피스톤을 급격하게 내리는 형태입니다. 이 형태는 입력하는 가열량에 비해 꺼낼 수 있는 일의 양이 상당히 적고, 1분에 10회 정도만 왕복운동을 할 수 있어 에너지 효율은 3% 정도 밖에 안 되었어요.

이후 1769년 제임스 와트라는 대학의 과학기계 수리공이 실린더의 고온 상태를 유지한 채, '복수기'라는 장치를 써서 내부의 고온 증기만을 직접 식히는 것에 성공해 효율이 십 몇 퍼센트로 크게 증가했어요. 와트의 기계는 방적에 활용되었고, 이를 계기로 영국은 산업혁명을 이룩해 세계 최고의 국가가 되었어요.

현재에는 왕복식 증기기관은 거의 쓰이지 않고, 터빈의 회전운동을 이용한 증기기관 발전소 혹은 대형 유조선, 항공모함 등 큰 출력을 필요로 하는 경우에 사용되고 있으며 지구상의 모든 전력의 80% 가량을 생산하고 있어요.

3장에서는 퐁퐁 증기선 만들기를 통해 화력발전의 동력을 만드는 원리를 이해하고 화력발전의 원리 및 화석연료들의 특징과 문제점들을 알아보는 활동들을 해보려고 합니다. 그리고 독도 아래에 있는 메탄하이드레이트의 모형을 만들어보고 실용화 방안을 탐구해봅시다.

3-1. 퐁퐁 증기선 만들기

에너지의 전환은 주로 열이나 일에 의해서 이루어집니다. 에너지의 정의가 '일할 수 있는 능력'이 된 것 또한 이런 이유 때문입니다. 화학 에너지는 일단 열 에너지로 전환되었다가 일을 하는 경우가 일반적이므로 에너지는 열과 관련지어 정의할 수 있습니다. 수증기의 열 에너지를 기계적인 일로 바꾸는 장치를 증기기관이라 합니다.

열로 동력을 만들어 움직이는 간단한 증기선 만들기를 해보며 열기관의 원리를 탐색해 봅시다. 준비물로 우드락과 구리선, 양초 등을 준비합니다.

배 모양의 설계도 본을 준비하고 이를 우드락에 붙여 그 본대로 자릅니다. 준비된 설계도에 따라 우드락을 잘라 배를 제작합니다. 그 배 위에 구리관으로 열기관을 만들어 붙입니다. 가는 구리관을 둥근 막대를 이용하여 열기관으로 만든 후, 물을 넣어 양초의 불로 열을 가할 수 있는 장치를 만듭니다. 끓인 물이 밖으로 나갈 수 있도록 해서 그 힘에 의해 나가는 증기선을 만들어요.

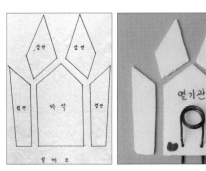

우드락에 본을 오려 붙여서 배를 만들어요.

구리관을 연필에 감아서 열기관을 만듭니다.

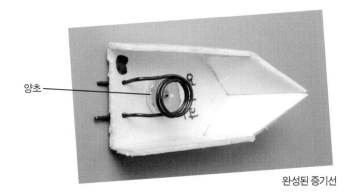

양초

완성된 증기선

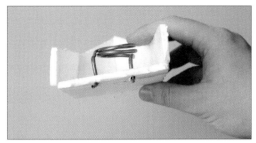
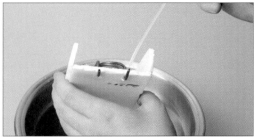

구리관에 스포이트를 이용해 물을 넣습니다.

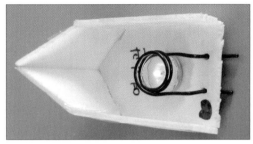

촛불을 이용하여 구리관 안의 물에 열을 가합니다.

큰 비닐로 열기관을 띄울 강을 만들어요.　　　　만든 열기관으로 누가 멀리 나가는지 알아봅시다.

증기선의 모형 만들기를 통해 열기관의 원리를 이해할 수 있습니다.

감은 구리관 내부에 물을 넣은 상태에서 촛불로 열을 가하면 수증기가 되어 부피가 늘어나 엔진 안의 압력이 커집니다. 이때 늘어난 부피만큼의 수증기가 엔진 밖으로 밀려나가면서 배가 앞으로 전진하게 되는 것입니다. 물이 빠져나간 파이프는 진공 상태가 되어 다시 물을 빨아들이고 수증기가 되어 작동을 반복하게 됩니다.

여러 명이 함께 증기선이 앞으로 나가게 하는 활동을 할 수 있는데요. 수업 현장에 강이 없으니 인공으로 강을 만들어 활동을 하면 재미있어요. 사진과 같이 큰 비닐을 가지고 증기선을 띄울 강을 만듭니다. 그 위에 각자 만든 증기선을 띄워 어느 증기선이 빨리 움직이는지 경쟁하는 놀이를 하면 재미있겠지요?

일정한 용기에 담긴 물을 가열하면 수증기가 발생하는데 이로 인해 용기 속의 압력이 용기 바깥의 공기 압력보다 높아집니다. 이렇게 생긴 압력 차를 이용하면 물체를 움직이는 것이 가능합니다. 이것이 바로 증기기관의 기본원리랍니다. 증기기관은 물을 끓이면 발생하는 '증기'를 이용하는 방법으로 손을 사용하지 않고도 물체를 움직일 수 있어요.

실린더 안에 수증기를 주입하면 피스톤이 밀려 올라갑니다. 이 수증기를 다시 응축시켜 진공을 만들면 외부 대기 압력과 실린더 안의 압력에 차이가 생겨 피스톤이 아래로 내려갑니다. 이 과정을 통해 실린더는 상하운동을 합니다. 그러한 상하운동을 이용해 양동이로 물을 퍼 올릴 수 있습니다.

최초의 증기장치는 뉴커먼의 증기기관과 와트의 증기기관으로, 그림과 같습니다.

뉴커먼의 증기기관은 탄광 안의 물을 퍼내는 데 쓰였어요. 그런데 여기에 큰 단점이 있었답니다. 차가운 물을 기관의 실린더 안에 뿌리면 물의 일부가 증기로 변해 실린더가 진공 상태가 되기 어려웠고 따라서 피스톤이 충분히 아래로 움직이지 않았습니다.

이에 반해 와트의 열기관은 실린더와 응축기를 분리시키는 것이었습니다. 실린더로 들어간 수증기를 분리된 장소에서 응축시킴으로써 실린더 안에 찬물을 끼얹을 필요가 없게 하고 실린더는 높은 온도를 유지할 수 있게 하기 위해서입니다.

피스톤이 올라가면 양동이가
내려가며 물을 퍼 올리게 됩니다.

피스톤의 움직임에 따라 펌프가
움직이며 물을 퍼 올리게 됩니다.

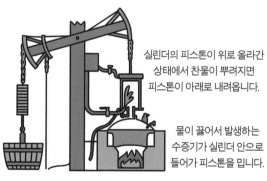

실린더의 피스톤이 위로 올라간
상태에서 찬물이 뿌려지면
피스톤이 아래로 내려옵니다.

물이 끓어서 발생하는
수증기가 실린더 안으로
들어가 피스톤을 밉니다.

뉴커먼의 증기기관

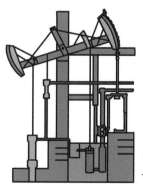

응축기가 실린더와
분리되어 있습니다.

와트의 증기기관

3-2. 화력발전의 종류

화력발전이 일어나는 과정을 살펴볼까요?

화력발전은 보일러, 증기터빈, 발전기로 구성되어 있습니다. 우선 배에서 싣고 온 석탄을 하역하여 저탄장에 차곡차곡 쌓아놓습니다. 석탄이 컨베이어 벨트를 통해 미분기(밀가루같이 잘게 부수는 설비)를 거치고 보일러로 들어가 연소가 됩니다. 보일러는 석탄 연소열로 물을 적정한 온도와 압력으로 끓여 포화증기를 만들어내고요. 그 포화증기는 터빈으로 들어가 터빈을 돌리며 터빈과 연결된 발전기가 회전하여 전기를 만들어내게 되는 것입니다. 즉, 보일러(열기관)에서 연료의 열 에너지를 받아 터빈을 돌리고 터빈의 기계 에너지로 발전기를 돌려 전기 에너지를 얻는 것입니다.

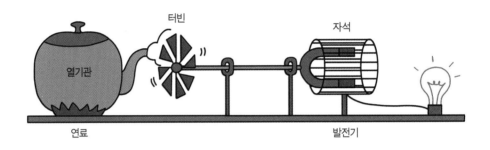

전기가 만들어지기까지 화력발전은 해상에서 배로 운반된 석탄을 곱게 분쇄하여 보일러로 이송해 공기와 혼합하여 연소시킨 것입니다. 이때 발생하는 열로 보일러 내의 물을 가열, 고온, 고압의 증기를 발생시켜 이 증기의 힘으로 터빈을 회전시키고 터빈에 연결된 발전기가 회전하면서 전기가 발생합니다.

열 에너지를 이용하여 발전을 하는 방법은 다음 4가지로 설명할 수 있습니다.

기력발전은 보일러에서 연료를 태워서 얻은 열 에너지로 물을 가열하여 증기를 만들며 증기 터빈을 돌려 터빈에 연결된 발전기로 전력을 만드는 발전 방식이에요.

그리고 연료가 탈 때 생기는 에너지로 기관을 회전시키고 연결된 발전기로 전기 에너지를 생산하는 발전 방식으로는 내연력 발전과 가스터빈 발전이 있습니다.

내연력 발전은 디젤 기관 등의 내연기관에서 직접 연료를 연소시켜 얻은 동력으로 발전기를 구동시켜 발전하는 방식입니다. 설비가 간단하고 설비 대비 기동 특성이 우수하며 효율이 높습니다. 반면 가스터빈 발전은 연소기에서 나오는 가스로 가스터빈을 회전시키고 터빈에 연결된 발전기에 의해 발전하는 발전 방식입니다.

열효율을 향상시키기 위해 가스터빈 발전과 증기터빈 발전, 두 종류의 발전 방식을 혼합한 것을 복합 발전이라고 합니다. 가스터빈을 돌리고 나온 배기가스는 500℃ 이상의 고온으로 그대로 대기로 방출하지 않고 에너지 이용 효율을 높이기 위하여 배기가스의 폐열을 활용해 기력발전과 같은 설비를 추가하여 보일러에서 연료를 연소시키는 대신 가스터빈의 배기열을 이용하여 증기터빈을 구동시킵니다. 집이나 공장에서 전기와 열을 많이 사용하며, 이때 필요한 전기와 열을 같이 생산합니다.

복합 화력은 두 차례에 걸쳐 발전하기 때문에 기존 화력보다 열효율이 10% 정도 높고 공해가 적고 정지했다가 다시 가동하는 시간이 짧습니다.

특히 석탄가스화 복합 화력발전은 황산화물, 질소산화물 등의 오염원을 줄이고 에너지 효율을 높이는 방법으로 연구하여 실용화되고 있습니다.

그리고 열병합 발전이란 전기 생산과 열의 공급, 즉 난방을 동시에 진행하여 종합적인 에너지 이용률을 높이는 발전입니다. 화력발전소에서 증기 터빈으로 발전기를 구동하고 터빈의 배기를 이용해서 지역난방을 하는 것입니다.

3-3. 연소열은 물질마다 같을까요?

화력발전의 연료로 석탄 이외에 석유, 가스를 활용함에 따라 열효율이 다 다르다고 해요. 같은 석탄인 경우에도 산출되는 지역에 따라 열효율이 달라지는데요. 물질의 종류에 따라 열효율이 다른 것을 눈으로 확인해보면 재미있겠지요.

석탄 같은 연료 대신에 우리들이 자주 접할 수 있는 몇 가지 과자를 연소시켜 발생하는 열 에너지를 비교해봅시다. 연소열에 의해 물을 끓여 올라가는 물의 온도를 측정해보면 과자의 종류에 따른 연소열의 차이를 알 수 있지요.

과자 연료로 물을 끓일 수 있는 에너지의 정도를 알아봅시다.

과자 세 종류, 스탠드, 삼각플라스크, 삼발이, 저울, 물, 은박접시, 점화기, 온도계, 초시계 등을 준비하세요.

과자를 각 20g씩 담아 연소시킬 때 물의 온도가 올라가는 정도를 측정합니다. 물의 양은 플라스크에 250ml 정도 담으면 온도가 올라가는 것을 측정할 수 있어요. 물질의 종류에 따라 연소열이 다르다는 것을 알기 위해서는 과자의 양과 물의 양은 일정하게 해주어야 비교가 되겠지요.

과자별로 20g씩 담고 물의 양을 250ml 정도 담습니다.

과자에 연소시킨 열로 1분마다 물의 온도가 올라가는 정도를 측정합니다. 과자의 종류를 바꾸어 가면서 온도가 올라가는 정도가 다름을 알아봐요.

실험 결과 과자의 종류마다 연소열이 다르다는 것을 알 수 있어요. 연소열에 의한 열량은 다음과 같은 식으로 구할 수 있어요.

연소로 얻은 열량 = 물의 질량×물의 비율(lkcal/kg·℃)×온도 변화

화석연료의 종류에 따라 에너지의 양이 다르다는 것을 알 수 있지요.

추가 실험으로 메틸알콜(메탄+알코올)의 연소열과 에탄올(에탄+알코올)의 연소열을 비교해 보아요. 메틸알콜 50ml와 에탄올 50ml를 알콜램프에 넣고 점화하여 다 연소할 때까지 시간을 측정하고 그 열로 물의 온도가 올라간 정도를 측정하여 열량을 구합니다.

연료의 종류마다 다름을 알 수 있어요.

3-4. 화석연료들의 특징과 문제점

전력을 만들어내는 발전 분야에 녹색 에너지, 신재생 에너지 등의 연구가 지속적으로 이루어지고 있지만 현실에서 가장 많이 사용하고 있는 에너지원은 석탄, 석유(유류), LNG 등의 화석연료 에너지로 나타나고 있습니다. 신재생 에너지는 기대와 달리 아직은 2%대에 머물러 있고 화력발전에 의한 생산은 70%나 됩니다.

그러나 화석발전은 석탄, 석유의 연소 과정에서 황산화물(SO_x)과 질소산화물(NO_x) 등 공해물질이 배출되면서 대기를 오염시키고 있습니다. 또한 그 에너지원도 점차 고갈되고 있다는 문제가 있습니다.

과자의 연소열 실험을 통해 물질마다 연소열이 다르다는 것을 알 수 있었던 것처럼 화석연료의 열효율도 다릅니다. 석유·석탄·천연가스는 정제한 상태에 따라 발열량이 정해져 있습니다. 화력발전의 열효율은 연료의 열 에너지(발열량)를 전기 에너지(발전량)로 변환할 수 있는 비율을 나타낸 것입니다.

우리가 쓰고 있는 대부분의 에너지인 화석연료들의 분포량 및 열효율을 알아보고 에너지 고갈 시대를 대비할 수 있어야 하겠습니다.

석탄화력으로의 발전은 연료 저장소, 석탄 분쇄기, 연소된 석탄의 회처리 설비, 회처리장 등의 공간적인 여건을 만족시킬 수 있는 충분한 발전소 용지가 필요합니다. 그리고 열효율이 낮다는 단점을 가지고 있어요. 석탄은 탄화도에 따라서 이탄-아탄-갈탄-역청탄-무연탄으로 구분되는데 무연탄은 석탄 중 탄화가 가장 많이 진행된 것(탄소 함량 85~95%)입니다. 국내 발전 부문에서 주로 이용되는 무연탄은, 열효율이 4000~7000kcal/kg이고 유연탄은 7500~8800kcal/kg의 열효율을 냅니다.

석탄화력은 이산화탄소 배출 등의 환경오염이 다른 연료에 비해 크지만 풍부한 매장량, 고른 분포, 비교적 저가로 화력발전의 큰 비중을 차지해왔습니다. 석탄 액화, 가스화 기술의 개발로 저급 석탄연료의 오염원은 줄이고 효율을 높여왔습니다.

석탄 액화 기술로 만든 연료는 비전통석유(신기술로 사용할 수 있게 된 석유자원)로, 전통석유보다는 훨씬 낮은 출력을 나타냅니다. 하지만 전 세계의 원유 매장량은 40년치이나 석탄 매장량은 200년치이며, 원유와 달리 전 세계 모든 나라에 골고루 매장되어 매력적인 연료입니다. 또한 석탄가스복합발전시스템(IGCC)에 의한 석탄가스화의 활용은 석탄이 석유를 대체하는 에너지원으로 부상하게 하고 있습니다. 석탄을 정제하여 가스를 만든 다음 정화 공정을 거쳐 가스터빈에서 1차적으로 발전하고, 증기터빈에서 배기 가스열을 이용해 보일러로 증기를 발생시켜 2차적으로 발전하는 고효율 복합발전이 이루어지는 시스템으로 환경오염을 줄이고 에너지 효율을 높일 수 있습니다.

석탄 지역적으로 편중되어 있으나(중국에 약 50%) 매장량이 풍부하여 200~300년간은 이용 가능해요. 취급이 불편하고 수송의 어려움이 있습니다.

석유 매장량에 한계가 있고, 지역적으로 매우 편중되어 있어요. 그래서 공급이 불안정하지요. 그러나 용도가 다양하고 취급이 용이하며 열효율이 높아 사용하기가 편리합니다.

천연가스 천연가스의 분포는 석유와 유사하며 세계 매장량은 석유가 약 33년인데 반해 가스는 약 42년간 사용 가능합니다. 가스관을 이용하지 않을 경우 운송비가 비싸고 비축기지 건설에 거액의 투자비가 소요되는 단점이 있으나 가격이 싸고 오염이 적은 연료입니다.

석유를 포함한 유류화력은 석탄화력과 유사하나 석탄 대신에 중유나 석유 등을 연소하여 보일러에서 증기를 발생시키는 발전 방식입니다. 석탄화력처럼 저탄장 같은 넓은 공간이 없어도 되고 석탄화력 발전보다 효율이 높다는 장점이 있습니다.

또한 석유는 다른 에너지원에 비해 용도가 다양하고 취급이 용이하며 열효율이 높고 사용하기가 편리합니다. 또한 플라스틱이나 비료, 의약품, 합성섬유 등 수많은 소비재 상품들이 석유가 아니면 제조할 수 없는 것들이 많아요. 하지만 전 세계적으로 매장량의 한계를 보이고 있고 지역적으로 매우 편중되어 있어 공급이 불안정합니다. 전 세계 매장량은 약 1조 배럴로서 현재의 소비 추세(200억 배럴/년)가 지속되면 약 33년 후 고갈될 예정입니다.

그리고 천연가스와 같은 가스 화력은 저장과 수송 수단 발달로 중요한 에너지원으로 부각되고 있습니다. LNG 연료의 특징은 95% 이상이 메탄가스 성분으로서 유황분을 전혀 포함하고 있지 않아서 대기오염 물질인 SOx, NOx 성분의 배출 문제가 거의 없습니다. 그러나 천연가스의 분포는 석유와 유사하며 전 세계 매장량은 약 119조m³로, 약 42년간 정도만 사용 가능합니다. 따라서 발전용으로 아주 적합한 연료로 사용되고 있지만, 연료 단가가 비교적 비싸며 연소가스 중에 다량의 수증기가 포함되어 있어 효율을 떨어뜨린다는 단점을 가지고 있습니다. 그리고 가스관을 이용하지 않을 경우 운송비가 비싸고 비축기지 건설에 거액의 투자비가 소요됩니다.

화석연료는 지구상에서 매장 지역, 즉 자원의 편중이 심하기 때문에 가격과 공급 면에서 항상 불안정한 요소를 지닙니다. 따라서 한국과 같은 석유 비생산국은 '석유파동'이라는 극심한 문제에 시달리고 있어요. 또한 재생이 불가능하고 매장량이 한정되어 있으며 환경오염의 원인 물질이라는 단점도 동시에 갖고 있지요. 특히 대기오염은 지구온난화 등 이상기온현상 등을 일으키고 있습니다. 공장과 자동차에서 배출되는 배기가스에 의한 대도심의 오염은 물론, 유류 저장탱크에서 자연 증발되는 가스와 가공연료 생산 공정에서 배출되는 기체로 인한 대기오염도 갈수록 심해지고 있습니다. 이들 화석연료(에너지)의 문제점에 대한 대처 방안은 인류가 화석연료의 의존도를 줄여나가며 환경에 영향을 미치지 않고 고갈될 염려가 없는 새로운 대체에너지와 청정에너지 개발을 위하여 노력하는 것입니다.

3-5. 불타는 얼음가스, 메탄하이드레이트

 최근 인구 증가와 산업 발전에 따라 에너지 수요가 계속 증가하는 데 비해 원유의 가격
은 치솟고 있습니다. 우리나라의 발전은 전체적으로 화력발전이 높은 비율을 차지하고 있는
데 화석연료가 20~30년치밖에 남지 않아서 고갈될 경우 전력 부족의 우려가 있지요. 그
런데 석유, 천연가스의 양보다 많은, 불타는 얼음인 메탄하이드레이트가 존재하고 있답니다.

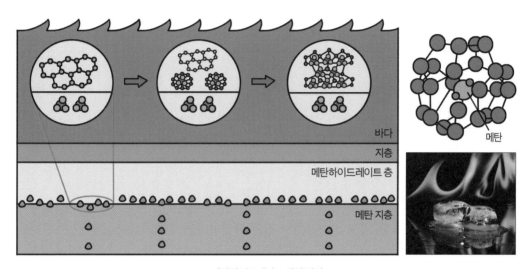

메탄하이드레이트 생성 과정

 메탄하이드레이트는 어떤 자원일까요? 메탄하이드레이트는 해저 땅속에서 생성됩니다.
얼음이 얼 만큼 온도가 낮고, 29기압 이상의 압력을 받는 깊은 곳에서 얼음과 메탄가스가
만나면 메탄하이드레이트가 만들어져요. 먼저 깊은 곳에서 올라온 메탄가스가 얼음층과
접촉하면 얼음을 이루는 물 분자구조가 캡슐 형태로 변화하여 메탄 분자를 하나씩 포획하
게 되는 것이지요. 메탄이 지속적으로 공급되면 캡슐 모양의 물 분자가 대량으로 생산되어
얼음층 전체가 메탄하이드레이트로 변하게 됩니다.

메탄하이드레이트는 메탄이 분자 단계에서 물에 갇힌 물질입니다. 1cc의 메탄하이드레이트는 표준 상태의 메탄 160cc에 해당하므로 고농축천연가스라고 할 수 있습니다. 가스하이드레이트는 메탄이나 에탄 같은 가벼운 기체가 높은 압력과 낮은 온도에서 물과 접촉할 때 형성되는 것입니다. 메탄하이드레이트는 분자 구조가 불안정해서 압력과 온도를 그대로 유지한 채 채취해야 합니다. 만일 채취 시 대기에 노출되어 용해되면, 대량의 메탄이 대기중에 방출되어 온실효과를 더욱 가속화시킬 가능성이 높습니다.

우리나라 독도 부근의 심해저에는 이 메탄하이드레이트가 매장되어 있다고 알려져 있습니다. 지구에 있는 연료로 이용 가능한 유기탄소 전체 양의 53%에 해당하는 엄청난 양이 있다고 합니다. 2013년에 일본이 새로운 자원으로 주목받고 있는 메탄하이드레이트에서 천연가스를 채취하는 데 성공하면서 새로운 대체 에너지 자원으로 주목받고 있어요. 화석연료의 고갈에 대비하고 청정 에너지를 찾는 노력이 이어지면서 메탄하이드레이트가 관심의 대상이 된 것입니다.

그러나 실용화하기 위해 메탄하이드레이트에서 메탄가스만을 추출하는 데는 문제가 많아요. 메탄하이드레이트를 제대로 연구하지 않고 채굴한다면 지구의 온실효과를 촉진시키는 결과를 초래하게 되므로 안전하게 이용할 방법을 찾아내야 합니다.

메탄하이드레이트를 자원으로 활용하기 위해서는 채굴 기술이 중요합니다. 메탄하이드레이트는 압력이 낮아지면 메탄이 방출되며 녹아버리는 특성 때문에 석탄처럼 고체 상태로 채굴하기 어렵답니다. 따라서 다른 형태로 메탄하이드레이트를 바꾸어 채굴하는데 그 종류에는 '열수주입법'과 '감압법'이 있습니다. 열수주입법은 뜨거운 물을 넣어 메탄하이드레이트를 녹이는 방법이고, 감압법은 메탄하이드레이트 층의 압력을 낮춰 메탄을 분리시키는 방법입니다.

하지만 이런 방법은 고체인 메탄하이드레이트 층을 액체로 바꾸어 고체보다 상부의 무게를 버티는 힘이 약해져 지반을 무너뜨리는 효과를 일으킬 수 있습니다. 실제로 해저의 사면이 붕괴했을 때 메탄하이드레이트의 압력이 낮아져 메탄이 대량으로 방출됐다는 연구 결과가 있습니다. 메탄은 이산화탄소보다 20배 강력한 온실가스입니다. 만약 메탄이 대량으로 방출될 경우 지구 온난화도 문제지만 메탄을 빼내는 시추선이 침몰하거나 폭발할 위험도 있습니다.

또 다른 채굴 방법으로 해저 맞교환 현상을 이용하여 메탄하이드레이트를 제작하는 방법이 연구되고 있습니다. 해저 맞교환이란 지구온난화의 주범인 온실가스(CO_2)를 하이드레이트에 대신 가두고 메탄가스를 꺼내는 과정을 말합니다. 이러한 메탄하이드레이트 개발을 위하여 심해저와 비슷한 환경의 특성 파악을 위해 점토층 내 메탄하이드레이트의 포집 특성과 Na 양이온과 물 분자의 상호작용에 대한 연구를 하고 있습니다.

우리도 메탄하이드레이트에서의 메탄가스의 분포도를 알아보고 물과 가스의 분포 비율에 따른 연소열에 대해 알아보는 실험을 할 수 있어요. 또한 물 대신에 소금물 및 불순물의 첨가에 따른 연소열을 실험해볼 수 있습니다.

메탄하이드레이트의 모형

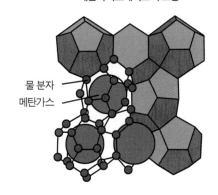

물 분자
메탄가스

  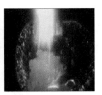

얼음 같은 메탄하이드레이트에 불이 붙어요.

3-6. 부탄하이드레이트 내부를 들여다볼까요?

메탄가스는 구하기가 어렵고 값도 비싸므로 흔히 구할 수 있는 부탄가스를 이용하여 여러 가지 실험을 할 수 있습니다. 메탄하이드레이트의 성질, 생성 과정을 이해한다면 실용화할 수 있는 길이 열릴 것입니다.

사이다와 콜라를 이용하여 가스하이드레이트의 모형을 제작해보고 그로부터 메탄하이드레이트의 분자구조를 추론하는 실험을 해봅시다. 독도 아래에서 얼음 상태로 있는 메탄하이드레이트 속의 가스는 어떻게 분포되어 있을까요? 가스의 분포를 알 수 있다면 가스를 분리한 채로 수송해야 하는지, 고체 상태의 가스로 이동해야 하는지를 알 수 있을 것입니다.

바닷속 상황을 만들기 위해 액체질소가 필요해요.

탄산가스가 들어 있는 음료수 병을 액체질소 속에 넣어 급속으로 냉동시켜요. 하이드레이트 모형이 만들어진 상태에서 페트병을 잘라 그 안의 가스 분포도를 알아봅시다.

콜라나 사이다 음료수 페트병을 액체질소에 넣어요.

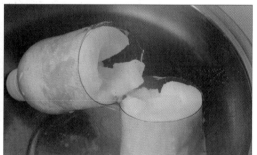

하이드레이트 상태가 된 음료수 병의 가운데를 자르세요.

하이드레이트 상태가 된 콜라와 사이다의 거품 분포를 관찰하세요.

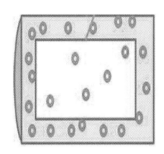
하이드레이트 안의 기체분포가 바깥 부분과 안쪽이 같은지 비교해요.

위 실험으로부터 하이드레이트의 분자 구조도를 추측한 것이 그림과 같은 모형입니다. 겉의 얼음이 안의 가스를 둘러싸고 있는 모습인데요. 그 기체들은 중간 부분보다 바깥 부분의 농도가 높아짐을 알 수 있습니다.

이로부터 메탄하이드레이트가 바다 깊은 곳에서 밖으로 나왔을 때 한꺼번에 밖으로 날아갈 수 있는 가능성이 있다는 것을 예측할 수 있습니다. 메탄하이드레이트에서 메탄가스가 한꺼번에 분리되면 폭발의 위험성도 있고 저장에도 어려움이 있습니다. 고체 상태에서 오래 저장할 수 있는 방법이 필요하겠지요. 가스를 추출하는 과정에서 초기에는 바다에서 메탄하이드레이트의 메탄가스를 해리시켜 꺼냈으나 그렇게 하면 한꺼번에 가스가 나오게 되어 오히려 위험해집니다.

3-7. 물과 부탄가스의 부피 비율에 따른 하이드레이트의 연소열

메탄하이드레이트는 얼음 안에 가스가 갇혀 있는 형태로 존재하는 자원입니다.

메탄가스는 구하기가 어려워서 우리가 흔히 구하기 쉬운 부탄가스와 물을 이용하여 부탄하이드레이트를 만들어볼 수 있습니다.

물과 가스의 질량비를 변화시키면서 제작한 부탄하이드레이트의 연소열을 측정하는 것이 다소 쉬운데 이 실험의 경우는 제작된 부탄하이드레이트에 불이 붙지 않아요. 메탄이 냉각되기 전에 밖으로 날아가버리기 때문입니다. 그래서 물과 가스의 부피비를 달리한 하이드레이트를 제작하여 연소열의 차이를 알아보는 것이 편리합니다. 연소열의 차이는 하이드레이트로 물을 끓여 온도가 올라가는 정도를 측정해 알아봅시다.

우선 물과 가스의 부피비를 변화시키면서 만든 부탄하이드레이트를 만듭니다.

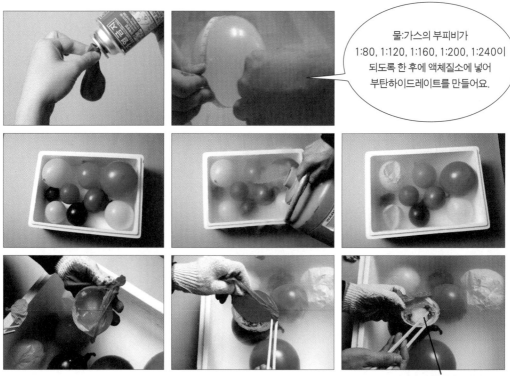

물:가스의 부피비가 1:80, 1:120, 1:160, 1:200, 1:240이 되도록 한 후에 액체질소에 넣어 부탄하이드레이트를 만들어요.

제작된 부탄하이드레이트

부탄하이드레이트는 물과 부탄가스를 넣은 풍선을 액체질소에 넣어 만듭니다. 물과 가스의 부피비는 물과 가스의 부피의 합이 풍선의 부피가 된다는 전제하에 풍선의 부피를 조절하는 방법으로 정합니다. 즉, 풍선 속에 물을 먼저 넣고 주입하는 가스로 부피비를 조절하는 것입니다.

전체 부피는 풍선을 구라고 가정하면 $3/4\pi r_3$의 공식에서 구의 둘레가 되도록 가스를 주입하는 것입니다. (구의 둘레 = $2\pi \times \sqrt[3]{구의부피 \times 3/4\pi}$)

예를 들면 물을 같은 5ml 넣고 주입하는 가스의 양을 400, 600, 800, 1000, 1200ml로 변화시켜서 그 비를 1:80, 1:120, 1:160, 1:200, 1:240로 할 수 있는데 그에 해당하는 둘레가 되도록 풍선에 가스를 넣는 것입니다.

제작된 부탄하이드레이트를 이용하여 물을 끓여 물의 온도 변화를 측정하고 연소열을 측정합니다. 실험해본 결과는 물과 가스의 비가 1:160일 때 가장 오랫동안 연소했어요.

물:가스의 비를 1:80, 1:120, 1:160, 1:200, 1:240로 하여 만든 부탄하이드레이트로 물을 끓여요.

메탄하이드레이트는 주로 바닷속에 매장되어 있기 때문에 하이드레이트가 생성되거나 연소할 때는 바닷물이나 퇴적물 등의 영향을 받을 수밖에 없습니다. 소금물의 농도와 이물질의 종류를 변화시키면서 부탄하이드레이트를 제작하면 열효율이 달라질까요? 이러한 사실들을 탐구하면서 독도 아래에 있는 메탄하이드레이트를 실용화할 수 있는 방법을 생각해 보아요.

3-8. 소금물의 농도와 하이드레이트의 열효율

소금물의 농도에 따른 연소열을 측정하기 위한 부탄하이드레이트를 제작하여 연소되는 시간을 측정해봅시다. 가스하이드레이트 생성 시 바닷속에 있는 흙, 모래 등이 섞여 있을 것이란 생각으로 이물질의 종류를 변화시키면서 가스하이드레이트를 제작하여 연소시간을 측정해도 좋겠지요.

이때 물 : 가스의 비는 일정하게 해야 하겠지요? 물 : 가스의 비를 1:40으로 하면 실험 관찰이 편리해요. 물은 20ml에 소금의 양을 1g, 2g, 3g, 4g, 5g 넣으면 소금의 농도가 10%, 20%, 30%로 되겠지요? 같은 방법으로 설탕 농도를 10%, 20%, 30%, 이물질들을 0%, 10%, 20%, 30%로 양을 변화시키면서 28가지의 변인 요인을 준 부탄하이드레이트를 제작했어요. 각각의 연소 시간을 측정합니다.

이물질과 소금물 농도를 변화시키면서 제작한 부탄하이드레이트로 연소되는 시간을 측정한 결과 소금의 양이 증가할수록 연소시간이 증가했습니다.

물의 양을 20ml로 고정하여 그 안에 넣는
소금의 양을 각각 1g, 2g, 3,g, 4g, 5g으로 조절하여 농도를 조절합니다.
설탕, 이물질의 양도 물 20ml에 각각 1g, 2g, 3g, 4g, 5g을 첨가하여 농도를 조절합니다.

물:가스의 비를 1:40으로 일정하게 한 상태에서
소금, 이물질의 양을 변화시켜 만든 풍선을 준비합니다.

액체질소에 넣어 부탄하이드레이트를 제작합니다.

제작된 하이드레이트를 넣어 부탄하이드레이트의 연소시간을 측정합니다.

실험했던 과정과 그 결과의 예를 봅시다.

물 20ml에 소금과 설탕의 양을 변화시키면서 이물질을 추가함에 따른 연소 시간을 측정했더니 다음과 같은 결과가 나왔어요.

연소 시간	물	소금 10%	소금 20%	소금 30%	설탕 10%	설탕 20%	설탕 30%
이물질 0%	5	18	20	23	18	20	20
이물질 10%	7	22	32	58	19	20	19
이물질 20%	18	29	34	56	18	19	19
이물질 30%	29	33	38	62	20	19	19

이와 같은 결과는 소금이 부탄가스의 포획을 도와주었기 때문이라고 추측됩니다. 따라서 소금, 또는 이물질의 양은 하이드레이트의 연소 시간을 증가시켜주므로 이를 응용하면 실질적인 하이드레이트의 효율 비교와 사용에 도움이 될 것입니다.

그러면 하이드레이트에서 가스를 어떻게 꺼낼 수 있을까요?

메탄하이드레이트에서 가스를 회수하는 방법으로는 열수주입법(하이드레트에 뜨거운 물을 넣는 방법)과 염수주입법(소금물을 넣는 방법) 그리고 화학첨가제를 주입하는 방법 및 감압법 등이 있어요. 실험 결과로 열효율의 변화를 측정할 경우 연소되는 시간이 짧아 열 에너지를 측정하기 어려워요. 그래서 열수를 넣거나 소금물을 넣어 만든 하이드레이트의 해리 시간을 측정하는 것도 한 방법입니다.

열수주입법에 의한 해리량은 가스량을 1000ml 사용하여 물 : 가스의 비가 1:40으로 제작된 하이드레이트에 100℃의 물 100ml를 넣고 입구를 막아 하이드레이트로부터 해리되는 부탄가스를 사용하여 연소시켰더니 17초 동안 연소되었어요.

염수주입법에 의한 해리량은 가스량 1000ml를 사용하여 물 : 가스의 비가 1:40으로 제작된 하이드레이트를 사용하고 100℃, 농도 3%의 소금물 100ml를 넣어 입구를 막아 나온 부탄가스를 연소시켜 가스를 분리할 수 있는 정도가 같은가 알아보았어요. 11초의 시간이 걸려서 열수주입법에 의한 해리량보다는 적은 것을 알 수 있어요.

증기 또는 열수를 주입해서 가스하이드레이트 저류층의 온도를 올려 가스하이드레이트를 해리시켜 가스를 생산하는 방법은 생산 에너지의 약 1/10로 다른 부분에 비해 에너지 효율면에서 우수한 것으로 보고되고 있어요. 그러나 실험 결과들을 분석하면 하이드레이트 상태에서의 연소열이 더 큰 것을 알 수 있어요. 그러므로 채취할 때는 하이드레이트 상태로 저장 또는 이동하는 것이 더 좋다는 것을 알 수 있습니다.

천연가스는 일반적으로 -162℃에서 액화시킨 상태(LNG)로 저장 운반되고 있는데 생산, 수송 및 저장 비용이 많이 소모됩니다. 그러나 가스하이드레이트 상태로 이동한다면 -15℃에서 저장 및 운반이 가능해 LNG보다 23%가량 비용 절감 효과가 있습니다.

열수주입 부탄하이드레이트 연소(17초)   염수주입 부탄하이드레이트 연소(11초)

■ '퐁퐁 증기선 만들기' 할 때 질문하기

1. 구리관을 만들 때 구리관 안에 물을 넣는 이유는 무엇일까요?

2. 퐁퐁선을 물 위에 놓았을 때 앞으로 나아가게 하는 힘은 어떤 것일까요?

3. 뉴커먼의 증기기관과 와트의 증기기관은 어떤 점이 다를까요?

■ 과자의 연소열 실험을 할 때 질문하기

1. 과자의 연소열로 물을 끓였을 때 온도가 올라가는 정도가 같을까요?

2. 석탄, 석유, 천연가스의 화석연료는 열효율이 같을까요?

3. 화석연료로 발전하면 어떤 좋은 점과 나쁜 점이 있을까요?

■ 메탄하이드레이트 연소 실험할 때 질문하기

1. 메탄하이드레이트는 얼음 덩어리인데 불이 붙을까요? 붙는 이유는 무엇일까요?

2. 액체질소에 페트병에 든 음료수를 넣어 하이드레이트를 만들면 거품의 분포는
   균일한가요? 그 분포로부터 알 수 있는 것은 무엇일까요?

3. 풍선을 이용해 물과 부탄가스의 비율을 다르게 하여 부탄하이드레이트를
   제작해서 연소열을 측정했어요. 연소열이 다 같을까요?

4. 소금물 및 이물질들을 넣어 만든 부탄하이드레이트를 제작하면 연소열은 달라
   질까요? 그 결과가 의미하는 것은 무엇일까요?

^{4장} 지구 내부의 지열을 이용, 에너지 만들기

지열발전은 땅속의 뜨거운 열을 이용하여 전력을 만드는 발전 방식입니다. 지구 내부에서 방출하는 열 에너지를 이용해 물을 끓여 발생하는 증기로 터빈을 돌려 에너지를 얻는 것이지요. 지구의 내부 온도는 섭씨 400℃ 이상이며 이 에너지는 지속적으로 지구의 표층으로 흘러나오고 있습니다.

기존의 지열발전은 대부분 상대적으로 개발이 쉬운 화산지대를 중심으로 설치되었었습니다. 그러나 최근 유럽의 비화산지대를 중심으로 지하에 지열 저장층을 인위적으로 만들고 지열수를 순환시켜 지열원을 확보하는 '인공저류층 생성 기술(EGS, Enhanced Geothermal System)'이 개발·보급되면서 온도가 높지 않은 지열 지역에서도 지열발전에 관심을 보이기 시작했습니다.

우리나라 포항에서 개발되고 있는 지열발전소는 화산지대가 아닌 곳에서 지열발전이 추진된 것으로 프랑스와 독일에 이어 세계에서 세 번째입니다. 이러한 지열발전은 물을 지하로 주입해 180도까지 데운 뒤 이를 끌어올려 터빈을 돌리는 방식으로 이루어집니다. 이는 풍력, 태양 에너지와는 달리 기상 조건의 영향을 받지 않는 데다 24시간 발전이 가능하답니다.

지열발전 방식에는 어떤 것이 있으며 그 원리는 무엇인지 알아보아요.

생산정 (지하의 뜨거운 물 상승)　　　　주입정 (지상의 차가운 물 주입)

지열 발전은 그림과 같이 지하에 있는 고온층으로부터 증기 또는 열수의 형태로
열을 받아들여 발전하는 방식입니다. 여기에는 열전소자의 성질이 이용돼요.

4-1. 지구에서 제공하는 뜨근뜨근한 열

지열발전이란 무엇일까요? 지열 에너지를 이용한 발전이라고 할 수 있어요.

지열 에너지란 땅(토양, 지하수, 지표수 등)이 지구 내부의 마그마 열에 의해 보유하고 있는 에너지로 정의되고 있습니다. 온도에 따라 중, 저온(10~90℃) 지열 에너지와 고온(120℃ 이상) 지열 에너지로 구분할 수 있어요. 지열 에너지는 말 그대로 땅의 열 에너지를 말합니다. 지구 내부는 내핵, 외핵, 맨틀, 지각으로 구성되어 있는데, 지열 에너지는 지각이나 맨틀에 있는 마그마의 열이 지각으로 전달된 것과 내핵, 외핵의 열이 바깥으로 방출된 것 두 가지가 더해진 것입니다.

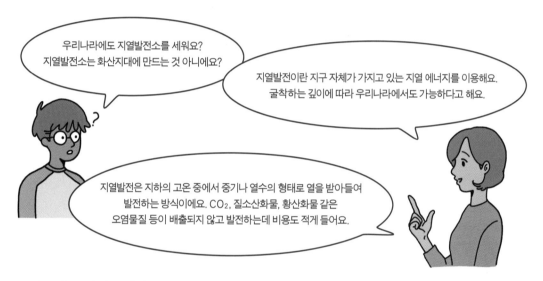

우리나라에도 지열발전소를 세워요?
지열발전소는 화산지대에 만드는 것 아니에요?

지열발전이란 지구 자체가 가지고 있는 지열 에너지를 이용해요.
굴착하는 깊이에 따라 우리나라에서도 가능하다고 해요.

지열발전은 지하의 고온 중에서 증기나 열수의 형태로 열을 받아들여 발전하는 방식이에요. CO_2, 질소산화물, 황산화물 같은 오염물질 등이 배출되지 않고 발전하는데 비용도 적게 들어요.

마그마는 우라늄이나 토륨, 칼륨 등의 방사능 붕괴로 인한 열로 암석이 녹은 상태로 있는 것을 말하며, 이 열이 지각으로 전달되는 것이 약 80%입니다. 그리고 내핵과 외핵에서 지표면으로 전달되는 열이 약 20% 정도입니다. 지하 10km 정도 내의 지열 에너지는 전 세계의 석유와 천연가스의 에너지를 모두 합한 것의 5만 배나 많다고 하니, 엄청난 에너지가 지구 속에 저장되어 있다는 것입니다.

액체 상태인 마그마는 고체인 지각보다 밀도가 낮아 위로 올라갑니다. 그 과정에서 열이 전달돼요. 위로 올라가 식은 마그마는 다시 아래로 내려와요.

지각
맨틀
외핵
내핵

지구 내부 모형

마그마는 열과 압력에 의해 녹아 액체로 변해 있습니다. 액체 상태인 마그마는 고체인 지각보다 밀도가 낮아 위로 올라가게 되어 지하수를 뜨겁게 합니다. 이 열 에너지를 온천으로 이용하기도 하고 지하수에서 나오는 증기를 이용하여 터빈을 돌려 발전을 하는 것이 지열발전입니다.

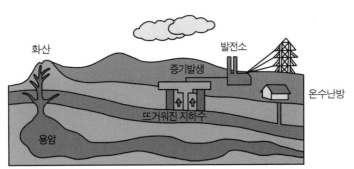

용암이란 맨틀이 녹아 지하에 흐르고 있는 마그마가 약한 부분을 뚫고 나온 것

일본·인도네시아 등 화산 활동이 활발한 국가에서는 이 수증기를 끌어올리기만 하면 터빈을 돌려 발전할 수 있기 때문에 지열발전소가 일찍 만들어졌습니다. 활발한 화산 활동으로 많은 피해를 입기도 했지만 혜택도 받을 수 있는 셈입니다.

하지만 화산 활동이 없는 곳에서도 지열발전소를 만들 수 있습니다. 우리나라 포항의 지열발전소는 2010년에 착공하여 2015년에 시험 가동에 들어 가고 있어요. 2016년 완공 예정이며 설비 용량은 1.5MW랍니다.

이것은 땅속 4km 이상 되는 깊은 곳에 160~180℃의 뜨거운 화강암 지층이 있어서 가능해요. 지열발전을 위해 먼저 발전 가능한 지열이 있는 땅속으로 지름 20cm 정도의 구멍 두 개를 시추장비로 뚫습니다. 한쪽 구멍으로 물이 들어가 데워지면 다른 쪽으로 끌어올려 그 증기로 터빈을 돌려서 발전기를 가동합니다. 2000가구가 쓸 MW급 전력을 생산하려면 지열이 180℃는 되어야 합니다. 무려 4.5km를 파 내려가야 하는 어려운 공사입니다. 지하 4km 이상의 깊이에 두 개의 지열정, 즉 지열수 생산정과 주입정을 지중 설치하고, 두 지열정 사이의 암반을 통해 인공적인 지열저류층을 생성시키는 EGS(Enhanced Geothermal System) 기술이 적용됩니다.

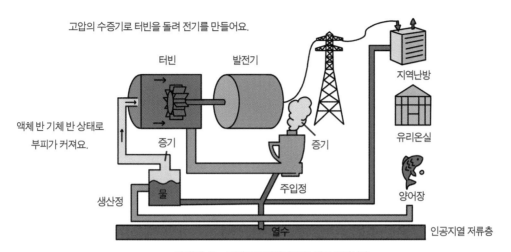

고압의 수증기로 터빈을 돌려 전기를 만들어요.

터빈　　발전기

지역난방

유리온실

액체 반 기체 반 상태로
부피가 커져요.

증기

증기

양어장

생산정

물

주입정

열수

인공지열 저류층

땅 아래 4km 지열로 뜨거워진 물을 위로 올립니다.

　지열발전은 햇빛이나 바람 등 자연의 조건에 의존도가 높은 태양광이나 풍력 등에 비해 안정적이며 연중 365일 24시간 가동이 가능해 활성화될 경우 안정된 에너지원을 공급할 것이라 예상되고 있답니다. 현재 세계 지열발전 설비 용량은 10.7GW, 발전량은 연간 약 6만 7000GWh(한국지열협회 2010년 기준 통계)입니다. 미국 에너지부는 오는 2015년에는 18.5GW로 설비 용량이 80% 이상 증가할 것으로 예상하고 있으며 향후 15년 이내 약 30조 원대의 세계 시장이 형성될 것으로 내다보고 있습니다.

4-2. 발전 방법에는 어떤 종류가 있을까요?

지열 에너지는 열수를 직접 이용하는 온천 등에 직접 이용하는 방식이 많이 개발되다가 에너지원으로서의 비중이 점점 커지고 있습니다. 비용이 적게 들 뿐만 아니라 오염물질이 덜 나오기 때문이지요. 지열발전에는 어떤 방법이 있을까요?

지열발전은 지열로부터 증기를 생산해 터빈을 돌리고 전기를 생산하는데 그 증기를 얻는 방식에 따라 건증기(Dry Steam), 습증기(Wet or Flash Steam), 바이너리 사이클(Binary cycle)의 세 가지 방식으로 나뉘어요. 이외에도 최신 기술로 인공 지열 저류층 생성(EGS, Enhanced Geothermal System) 방식이 있습니다. 우리나라에도 이 방식이 적용되고 있답니다.

건증기 방식이란 지하에 물을 주입하여 생성되는 증기로 바로 터빈을 돌리는 방식이고요, 습증기 방식이란 충분히 뜨거운 고압의 물을 압력을 낮추면서 증기를 만들어 터빈을 돌리는 방식입니다. 바이너리 사이클 방식은 지하의 뜨거운 물의 열을 열교환기를 통해 다른 유체(가령, 이소부탄과 같은)를 끓이는 데 사용하여 다른 유체의 증기로 터빈을 돌리는 방식입니다.

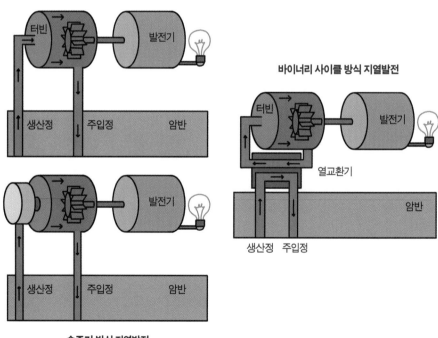

건증기 방식 지열발전

터빈 / 발전기 / 생산정 / 주입정 / 암반

바이너리 사이클 방식 지열발전

터빈 / 발전기 / 열교환기 / 암반 / 생산정 주입정

발전기 / 생산정 / 주입정 / 암반

습증기 방식 지열발전

이 세 가지의 방식은 지열 에너지원의 성질에 따라 선택하게 됩니다. 가령 물이 수증기 형태로 바로 땅에서 나오는 경우에는 건증기 방식을 사용할 수 있으며 충분히 뜨거운 높은 압력인 액체로 물이 나온다면 습증기 방식을 사용하는 것이 좋습니다. 에너지원의 온도와 압력이 충분하지 않은 경우에는 이를 상대적으로 낮은 온도에서 끓는 다른 액체를 사용해서 터빈을 돌리는 바이너리 사이클 방식을 사용하게 됩니다. 그러나 순수하게 증기만 나오는 경우는 그리 많지 않기 때문에 대부분 습증기 방식이나 바이너리 사이클 방식을 사용하고 있습니다.

그 밖에 인공지열 지류층 생성(EGS) 방식이 있어요. 지면 가까운 곳에서 열과 물을 이용할 수 없는 경우 사용하는 발전 방식이에요.

4-3. 공기를 빼주면 물이 끓어요

지열을 자연에 있는 그대로 이용하기 어려운 경우, 물에 압력을 가해 끓는점을 변화시켜서 발전하게 됩니다. 특히 인공지열 저류층(EGS) 방식은 지면 가까운 곳에서 높은 온도를 얻을 수 있는 곳이 아닌 지역에서 지하 3~5 km 아래로 땅을 판 다음 암반을 깨거나 하는 방식으로 사이에 틈을 만들어 물을 주입하고 거기서 생성된 증기를 뽑아 올려 증기 터빈을 돌리는 방식입니다.

지열에 의한 증기가 직접 터빈을 돌리는 것이 가장 편리하기는 하지만 그렇게 끓는점까지 온도가 올라가지 않아 액체 상태로 있을 때가 있습니다. 이때 압력을 낮추게 되면 끓는점이 낮아져서 물이 기체로 변화하게 할 수 있습니다.

압력에 따른 끓는점 변화를 알아보기 위해 감압기를 이용하여 실험해봅시다.

감압기는 흔하게 구할 수 있습니다. 그 안에 초코파이나 마시멜로 등을 넣어놓고 압력을 낮추면 크기가 커지는 것을 볼 수 있어요. 기압이 낮아지면 부피가 커진다는 것은 보일의 법칙에 따른 것입니다.

공기를 빼니(기압이 낮아지니) 풍선의 크기가 점점 커집니다.

열을 주지 않은 상태에서 팽창하게 된다면 그 안의 온도는 낮아집니다. 공기 덩어리가 더욱 상승하여 온도가 이슬점 이하로 내려가면 수증기가 응결하여 작은 물방울이 되고, 공기 덩어리의 온도가 0℃ 이하가 되면 얼음 알갱이가 되기도 합니다. 이렇게 생긴 물방울이나 얼음 알갱이가 하늘 높이 떠 있는 것이 구름의 원리가 됩니다.

이번에는 감압기에 더운 물을 넣고 온도를 잽니다. 80~90℃ 정도의 물인 경우 끓지 않습니다. 그런데 감압기에서 공기를 빼니(기압이 낮아지면) 물이 끓기 시작하는 것을 볼 수 있어요.

끓는점이란 증기압이 표준해수면 대기압(760㎜Hg)과 같아지는 온도를 말합니다. 해수면에서의 물은 100℃에서 기화됩니다. 그런데 고도가 높아질수록 끓는점은 낮아진답니다. 그래서 산에서 밥을 하면 낮은 온도에서 끓기 때문에 밥이 설게 되어요. 그러면 밥이 잘 되게 하려면 어떻게 하면 될까요? 밥솥의 뚜껑 위에 무거운 돌을 올려놓으면 높은 온도에서 끓습니다. 이러한 성질을 이용한 것이 전기밥솥입니다.

뜨거운 물을 감압기에 넣어요.

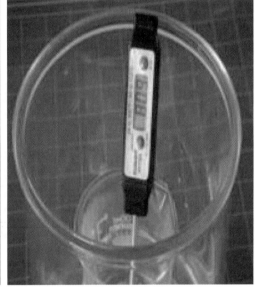
처음 온도 60.8~80℃

공기를 빼니(기압이 낮아지니) 물이 끓기 시작합니다.

4-4. 버려지는 지열들로 발전을 할 수 있는 원리, 열전소자

지열을 이용한 가스로 모터를 돌려 발전을 하는 것이 지역적으로는 한계가 있습니다. 버려지는 열 에너지들이 많지요. 이외에도 태양열, 해수열, 공장 등에서 나오는 폐열을 포함하여 버려지는 에너지들은 막대합니다. 앞에서 폐열 발전을 설명할 때 작은 온도 차만 생기면 전기 에너지를 만들 수 있다고 했어요.

온도 차를 이용하여 전기 에너지를 생산하는 열 발전의 원리를 제공하는 제베크 효과와 펠티에 효과에 대해 좀 더 알아보아요.

30cm 정도의 구리 막대와 알루미늄 막대, 토치, 그리고 전압계를 준비합니다.

구리 막대와 알루미늄 막대 두 개의 끝에 전압계를 연결합니다. 두 막대의 끝을 한 곳으로 모아 그 끝에 열을 가해요. 열을 전달하는 정도가 달라 온도가 높은 곳에서 낮은 곳으로 전달하려는 성질에 의해 기전력이 생기는 것을 확인할 수 있어요.

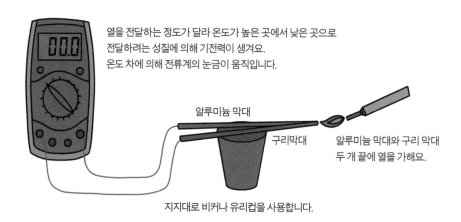

열을 전달하는 정도가 달라 온도가 높은 곳에서 낮은 곳으로 전달하려는 성질에 의해 기전력이 생겨요. 온도 차에 의해 전류계의 눈금이 움직입니다.

알루미늄 막대

구리막대

알루미늄 막대와 구리 막대 두 개 끝에 열을 가해요.

지지대로 비커나 유리컵을 사용합니다.

금속A

금속B

온도T₂

온도T₁

열전 발전이란 고온 부분과 저온 부분의 사이의 온도 차에 의해 발생하는 열이 이동하려는 에너지를 전기 에너지로 변환하는 것이랍니다.

지열 발전의 경우도 위와 같이 온도 차가 생기면 전기 에너지를 만드는 것입니다.

이러한 지열 발전에는 열전소자가 필요합니다.

열전소자는 펠티에 효과에 의한 흡열 또는 발열을 이용한 것으로 전류의 방향에 따라 한쪽은 흡열을 다른 쪽은 발열을 하는 소자를 말합니다. 크게 전기저항의 온도 변화를 이용한 소자인 서미스터, 온도 차에 의해 기전력이 발생하는 제베크 효과를 이용한 소자, 전류에 의해 열의 흡수 또는 발생이 되는 펠티에 효과를 이용한 펠티에 소자 등이 있습니다.

즉, 제베크 효과는 고온 부분과 저온 부분의 온도 차에 의해 발생하는 열이 이동하려는 에너지를 전기 에너지로 변환하는 것을 말합니다. 이와 반대로 펠티에 효과란 전류를 가하면 한 쪽 면은 냉각되고 다른 면은 가열되는 현상입니다.

그림처럼 N형 반도체와 P형 반도체를 접속시켜 놓은 것이 펠티에 소자예요. 우리가 일상생활 속에 쓰고 있는 냉온수기 및 냉장고에 활용되는 원리로 서로 다른 재료의 양단에 직류 전류를 가하면 한쪽 면은 냉각되고 다른 면은 가열되는 현상입니다. 거꾸로 펠티에 소자의 양면에 온도 차를 주면 기전력이 생겨요. 이것이 제베크 효과입니다.

펠티에 소자의 개념 및 구조

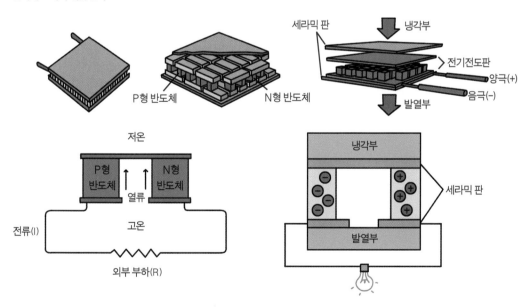

제베크 효과(seebeck effect)란 온도 차로 전류가 흐르게 하는 기전력이 생기는 현상이에요. 즉, 펠티에 효과와는 반대로 온도 차로 전기를 만드는 원리가 제베크 효과입니다. 열전 발전의 원리가 되지요. 금속은 종류에 따라 자유전자의 이동이 일어나 접촉 부분에 전위 차가 생겨요. 두 접점의 온도가 같은 경우에는 전위 차가 상쇄되어 전류가 흐르지 않지만 한쪽의 접점 온도를 높이면 불균형이 생겨 전류가 흐르고, 기전력이 발생합니다.

이와 같이 온도 차로 인한 기전력과 기전력으로 인한 온도 차를 이용하면 저탄소 환경 친화적 신재생 에너지로 사용할 수 있답니다. 즉, 열전소자는 환경에 영향을 주는 냉매를 필요 없게 하고 기존의 에어컨보다 동력을 적게 필요로 하게 하여 연비를 개선시킬 수 있습니다. 또한 압축기를 사용하지 않아도 되므로 진동이나 소음이 없어 편안함을 주고 불필요한 온도 상승 및 하락을 막아 온도 제어를 용이하게 합니다. 그리고 버려지는 열을 이용하여 전기 에너지를 만들 수 있는 장점이 있어요. 하지만 열전 발전은 현재는 실용화가 잘 되지 못하고 있어요. 발달이 지연되는 이유는 열전 발전 소재의 발전 효율이 낮기 때문입니다. 열전소자는 현재 열전 발전보다는 열전 냉각에서 사용도가 높습니다. 열전 냉각의 경우는 열전소자의 효율보다는 냉각 시스템의 냉각 능력이 더 중요하기 때문입니다. 현재 사용되는 열전 냉각 응용의 예에는 이동형 소형 냉장고, 냉정수기, 김치냉장고, 전자장비의 냉각 시스템 등에 이용되고 있습니다.

펠티에 효과를 이용한 발전에 대해 알아봅시다. 과학사에서 키트로 만들어져 있는 것을 활용할 수도 있습니다. 전기 에너지를 열 에너지로, 열 에너지를 전기 에너지로 변환시키는 과정을 알아보는 활동을 해볼 수 있습니다. 그리고 발전량이 열전소자의 크기에 따라 비례하는지의 여부를 알아보고 에너지를 효율적으로 활용할 수 있도록 합시다.

열전소자는 열 에너지와 전기 에너지를 변환시키는 소자입니다. 즉, 열과 전기의 상호작용으로 나타나는 각종 효과를 이용한 소자의 총칭입니다. 회로의 안정화와 열, 전력, 빛 검출 등에 사용하는 서미스터, 온도를 측정할 때 사용하는 제베크 효과를 이용한 소자, 냉동기나 항온조 제작에 사용되는 펠티에 소자가 있습니다.

그림은 펠티에 소자와 온도 차 발전기입니다. 펠티에 소자는 열 에너지를 전기 에너지로 변환시키게 하는 소자입니다. 한쪽에는 뜨거운 물, 다른 한쪽에는 찬물을 넣은 뒤, 온도 차에 의해 전기가 발생되는 것을 확인하고, 펠티에 소자의 크기에 따라서도 발전량이 달라짐을 탐구할 수 있습니다.

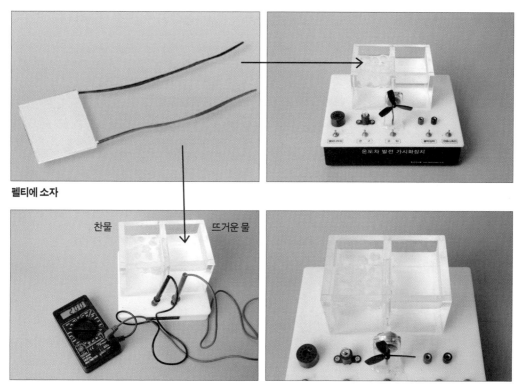

펠티에 소자

온도 차 발전기 펠티에 소자 양쪽에 온도 차가 나게 하면 전류가 생깁니다.

지금까지 자기장의 변화에 의한 발전 원리, 화력발전, 열전소자에 의한 지열발전을 탐구했습니다. 다음 권에서는 원자력 에너지 및 신재생 에너지에 대한 탐구 여행을 해봅시다.

■ 지열발전의 원리 탐구할 때 질문하기

1. 기존의 지열발전을 건설하기 좋은 곳은 어느 곳일까요?

2. 지열발전은 화산지대에서만 건설할 수 있을까요?

3. 우리나라 포항에서 개발되고 있는 지열발전소는 화산지대일까요?

4. 발전 방식의 종류에는 어떤 것이 있을까요?

■ 압력과 끓는 점의 관계 알아보기

1. 감압기에 넣고 압력을 변화시키며 초코파이나 마시멜로를 넣으면 어떻게 될까요?

2. 산에서 밥이 설익는 이유는 무엇일까요? 그리고 설익지 않기 위해 어떻게 해야 할까요?

3. 80~90℃의 물인 경우 끓지 않는데 감압기를 쓰면 끓게 할 수 있을까요?

■ 열전소자의 원리 알아보기

1. 구리 막대와 알루미늄 막대의 끝을 모아 그 끝에 열을 가하면 발전이 일어날까요?

2. 전기 에너지로 냉온수기를 가동시킬 수 있고 거꾸로 물이 온도 차이로 전기를 만들 수 있는 원리는 무엇일까요?

3. 펠티에 소자 양쪽의 온도 차와 펠티에 소자의 크기와 발전량과는 어떤 관계가 있을까요?